誰も知らない 自衛隊の おしごと

地味だけれど大切。そんな任務に光あれ

岡田真理

扶桑社

Contents

※本書は、月刊マモル２０１７年７月号から19年７月号まで連載された「岡田の手も借りたい！」を再録し、一部、改稿・加筆したものです。登場する自衛官の所属・階級などは取材当時のものです

部隊の業務、岡田が手伝います！

氏名

岡《おか》田《だ》真《ま》理《り》

職歴（取材歴）

1998年	フリーライターとして活動開始
2005年	予備自衛官補（一般）に採用
07年	陸上自衛隊・予備自衛官に任官
08年	「マモル」で「ヨビジホになってみた。」を連載
09年	「マモル」で空挺レンジャー課程密着取材
14年	「マモル」で自衛隊・海賊対処行動拠点密着取材記 「ライター岡田真理がジブチ共和国からお伝えします！」

体力検定は
毎年1級！
射撃も高得点！

64式小銃の
分解・結合は
目標時間内で
できるようになりました！

山の中で
寝食・トイレも
バッチリです

『いざ志願！
おひとりさま自衛隊』
として書籍化！

ジブチで4カ月
過ごしました。
カタコトの英語は
超得意です！

資格

中型自動車免許（8t限定）、普通自動二輪車免許、調理師免許

ニンジンの
千切り
超うまいです！

自己PR

土砂降りの演習場で全身ずぶ濡れになっても、
ヘリの巻き上げる風で全身砂まみれになっても、
トラックで何時間運ばれても、山中の取材で熊が出没しても、
小型艇でデロンデロンの船酔いになっても、
泣き言ひとつ言わずにお仕事してきました！
（ほんの少しの泣き言を吐いた記憶はないでもありません）

希望する業務	応募・問い合わせ先
なんでもやります！	mamor@fusosha.co.jp

まえがき

「へー、自衛官ってこんな仕事してるんだ」

この本は、『月刊マモル』に掲載していた「岡田の手も借りたい！」という連載を書籍化したものですが、連載中に記事を読んでくださった方からよくこう言われました。中でも、どんな方から一番言われたかというと、自衛官。当の自衛官たちが「自衛官ってこんな仕事してるんだ」と驚いていました。この本にはたくさんの自衛隊のお仕事・部隊が登場しますが、どれも地味すぎて、目立たなすぎて、当の自衛官ですら知らないものばかりです。

私はフリーライターのお仕事をしています。人気スイーツのお店を取材したり、おでかけスポットの記事を書いたりと、なんの変哲もないライターな日々を送っていた私ですが、ある日、酔っぱらった勢いで陸上自衛隊の「予備自衛官補」というものに志願しました。そして50日間の訓練を修了し、「予備自衛官」に任官。

「予備自衛官」とは、その名の通り「予備」の自衛官。普段はサラリーマンや主婦や学生をやってるけど、災害や有事が起こったときには自衛官に変身して自衛隊の任務に就く……という人たちです。例えば、郵便局でも忙しい年末には多くの人手が必要となるので、臨時のアルバイトさんを雇ったりしますよね。そんな感じだと思ってください。

ただ、自衛隊は郵便局のようにいかないのが、「災害や有事で招集されたときに、すでに自衛官としてのある程度の知識や技能を持っていなければならない」ということ。なので、自衛隊経験のない人は「予備自衛官補」として50日間の訓練を受けた後に、予備自衛官になることができます（国家資格や語学技能を持っている人の訓練期間は10日間）。そして、予備自衛官になってからも毎年5～20日間はお仕事や学校を休んで駐屯地に行き、訓練を続けています。

わざわざお仕事や学校を休んで訓練に行き、さらに災害や有事の際には自衛官として任務を行うので、予備自衛官の皆さんは「人の役に立ちたい」、「仕事をしながらでも、国のために働きたい」といった思いを持って志願される方が多いです。しかし私はそんな思いなど何もなく、酔っぱらった勢いで志願。自衛隊のことなど何も知らず、というより自衛隊という存在に脳みそを使ったことなど1ミリたりともないという状態だったのですが、実際に訓練を受けてみると自衛隊・自衛官が大好きになり、14年も予備自衛官を続けています。２０１９年10月に起こった台風19号の災害派遣では、私も災害招集を受け自衛官として19日間勤務をしました。

こちらの、予備自衛官補に志願して50日間の訓練を受けて……のドタバタ珍道中は、『いざ志願！　おひとりさま自衛隊』（文春文庫）にまとめましたので、興味を持っていただけたらぜひご一読ください。また、２０１９年・台風19号で災害招集を受けての自衛官勤務は、『マモル』

２０２０年2月号で10ページにわたってレポートしていますので、こちらもバックナンバーでぜひどうぞ。便利なデジタル版もあります。

人気スイーツのお店を取材したり、おでかけスポットの記事を書いたりと、何の変哲もないライターだった私ですが、予備自衛官になってからは自衛隊も取材し、記事を書くようになりました。全国各地にある陸・海・空自衛隊の部隊を飛び回り、さらに自衛隊が派遣されているアフリカのジブチ共和国というところにも4カ月滞在。本当にたくさんの部隊を取材し、たくさんの自衛隊のお仕事を知りました。そして、ある不満を持つようになりました。

「紹介する部隊、もっともっとあるでしょ!!」

どのテレビも新聞も雑誌も、自衛隊といえば取り上げるのは災害派遣だけ。少し掘り下げても、戦車や戦闘機や護衛艦といった「華やかな」、「目立つ」部隊ばかり。しかし、自衛隊にはそれ以外にもたくさんの部隊があって、皆さん地味に目立たないお仕事をコツコツとがんばっています。「なんでそんな部隊を紹介しないんですか!?」。不満を募らせた私は、『マモル』の編集長に直訴しました。すると編集長は「じゃあ、お前がその部隊に行って仕事を手伝ってこい」。

ということで、「岡田に業務をお手伝いさせてくれる部隊はありませんか～?」と、『マモル』誌上で募集をしました。それが、４ページの履歴書です。その後、実際にお手伝いをさせてくださったのは陸・海・空合わせて24コの部隊。24コの地味で目立たない、しかし日本の平和になくてはならないお仕事を、どうぞお楽しみください！

陸上・海上・航空各自衛隊の階級表

この本にはたくさんの自衛官が登場します。自衛官は「佐藤３曹」、「鈴木２尉」というように「名前＋階級」で呼ぶので、階級の仕組みを少し頭に入れておくと、お話がより楽しめると思います。階級は全部で16。表の上にいくほどエライ階級です。「こういうものがあるんだな」程度の理解で構いませんので、ざっくり眺めて読み進めてください。

	略した呼び方	陸上自衛隊の正式名称	海上自衛隊の正式名称	航空自衛隊の正式名称
将	陸将・海将・空将	陸将《りくしょう》	海将《かいしょう》	空将《くうしょう》
	将補	陸将補《りくしょうほ》	海将補《かいしょうほ》	空将補《くうしょうほ》
佐	１佐	１等陸佐《いっとうりくさ》	１等海佐《いっとうかいさ》	１等空佐《いっとうくうさ》
	２佐	２等陸佐	２等海佐	２等空佐
	３佐	３等陸佐	３等海佐	３等空佐
尉	１尉	１等陸尉《いっとうりくい》	１等海尉《いっとうかいい》	１等空尉《いっとうくうい》
	２尉	２等陸尉	２等海尉	２等空尉
	３尉	３等陸尉	３等海尉	３等空尉
	准尉	准陸尉《じゅんりくい》	准海尉《じゅんかいい》	准空尉《じゅんくうい》
曹	曹長	陸曹長《りくそうちょう》	海曹長《かいそうちょう》	空曹長《くうそうちょう》
	１曹	１等陸曹《いっとうりくそう》	１等海曹《いっとうかいそう》	１等空曹《いっとうくうそう》
	２曹	２等陸曹	２等海曹	２等空曹
	３曹	３等陸曹	３等海曹	３等空曹
士	士長	陸士長《りくしちょう》	海士長《かいしちょう》	空士長《くうしちょう》
	１士	１等陸士《いっとうりくし》	１等海士《いっとうかいし》	１等空士《いっとうくうし》
	２士	２等陸士	２等海士	２等空士

荷物の仕分け

陸上自衛隊 東部方面後方支援隊 東部方面輸送隊 第102輸送業務隊

2017年4月お手伝い実施

部隊のお仕事を岡田がお手伝いしながら紹介する新企画。記念すべき第1回目はどこの部隊かな～とワクワクして待っていたところ、マモル編集部よりメールが入りました。

「第102輸送業務隊第1端末地業務班です」

……なんだそれは。

いやー、自衛隊にはまだまだ知らない部隊がたくさんあるな～とお邪魔したのは、東京都と埼玉県にまたがる陸上自衛隊朝霞駐屯地。の、奥まった所にある倉庫。ナゾ過ぎる〝第102輸送業務隊第1端末地業務班〟の班長、横溝真弘1等陸曹がお出迎えしてくれました。

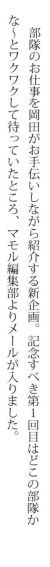

「ここは、全国の陸上自衛隊の物流ターミナルなんです。そして〝東方〟の核となる物流ターミナルでもあるんですよ」

陸上自衛隊は、防衛・警備、災害対処などを行うために日本を5つの区域に分け管轄しています。区域の名前は、北から北方《ほっぽう》（北部方面隊）、東北方《とうほっぽう》（東北方面隊）、東方《とうほう》（東部方面隊）、中《ちゅう》方《ほう》（中部方面隊）、西方《せいほう》（西部方面隊）。朝霞駐屯地は5つの方面隊の中心に位置する東方にあります。

防衛・警備、災害対処などの活動、そしてそのための訓練にはさまざまな「物」が欠かせません。活動や訓練で使う物は湧いて出てくるワケもなく、「輸送」が必要となります。そこで、陸上自衛隊では「輸送科部隊」が、「物の輸送＝物流」を担当しています。

例えば、北海道のA駐屯地から九州のX駐屯地に何か物を輸送するとき。A駐屯地からトラックが出て、直接X駐屯地に運んでもいいんですが、北海道の別のB駐屯地から同じX駐屯地に輸送したい物もあったりして、それぞれが別々にトラックを出すのは効率的ではありません。そこで、方面隊ごとに核となる物流ターミナルを置き、そこに輸送する物を集め、まとめて輸送するという方法を取っています。「……というように、朝霞駐屯地のこの倉庫は、東方の物流ターミナルなんですよ」と班長が説明してくれました。

また、東方は5個方面隊の中心にあるため、「東方」だけでなく「日本全国」の物流ターミナルの役目も持っています。北方から西方へ、東北方から中方へなど、東方をまたがって輸送する物はすべてこの東方の物流ターミナルに集められ、まとめて輸送……あら、なんて効率的。

倉庫の中を見渡してみると、確かに「これは中方に運ぶ物たち」、「これは西方に運ぶ物たち」とエリアごとにたくさんの荷物が置かれています。この倉庫は、日本をはるばる旅する荷物さんたちの〝集合場所〟なんですね。

「中方に運ぶ物たち」エリアの荷物を見てみると、高等工科学校から大阪地本、京都地本、奈良地本など中方の各地本へ輸送される段ボール箱がたくさんありました。発送伝票を見てみると、どうやら高等工科学校の学校案内パンフレットのもよう。この後、このパンフレットはそれぞれの地本に運ばれて、大阪、京都、奈良の中学生たちが手にするんだろうな。そして高等工科学校を受験して……未来の自衛官は、この物流から生まれるんだな。おお、なんかすごい。

……と、ナゾ過ぎる〝第102輸送業務隊第1端末地業務班〟のナゾが少し解けたところで早速お手伝いです。班長から「集合！」と号令がかけられたので、私も班員と一緒に整列。班長が作業指示をし、各班員が復唱します。

「作業指示。譜久里2曹、A口《くち》検数員」

「はい！　譜久里2曹、A口検数員！」

「九鬼2曹、B口検数員」

「はい！　九鬼2曹、B口検数員！」

「羽石2曹、フォークオペ」

「はい！　羽石2曹、フォークオペ！」

「漆川3曹、仕分け」

「はい！　漆川3曹、仕分け！」

「岡田さん、漆川3曹と一緒に仕分け」

「はい！」

班長の指示する単語はサッパリ分かりませんでしたが、とりあえず返事だけは元気良くしました。

倉庫の入り口は「A口」と「B口」の2カ所あり、A口に群馬県・相馬原駐屯地からやってきたトラックが停車しました。すると、荷台後方へ羽石2曹が運転するフォークリフトがブーンと向かいます。フォークリフトのツメにはパレットが設置されていて、「仕分け」担当の漆川3曹の指示のもと、各駐屯地からトラックを運転してきたドライバー隊員たちがこのパレットに次々と荷物を載せます。

「まず朝霞（が行き先の物）から」

「はい、これ朝霞です」

「これは100キロあるぞ」

「じゃあそれは後で」

トラックには、行き先がバラバラのたくさんの荷物が積まれています。しかし倉庫内では「朝霞駐屯地行き」、「大宮駐屯地行き」といったように、行き先ごとに物が分けて置かれるため、行き先が同じ物を選び、1つのパレットに載せます。私も漆川3曹と一緒に「仕分け」をする担当なのでお手伝いをしなきゃなんですが、「こんな形がバラバラの荷物をよくきれいに積めるなぁ。みんなテトリスうまそうだなぁ」とぼんやり見てるだけ。……ではお手伝いにならないので、「よし、ちゃんと荷物が行き先別に正しく置かれてるのかチェックしよう！」と、一応「仕分け」らしいお仕事に着手。

うん、これはちゃんと朝霞行きだな……朝霞のどこだろう、「体育学校」か、はっはーん、これは相馬原駐屯地から体育学校に入校する隊員の荷物だな……って言ってる間に朝霞の荷物終わっちゃったよ、えーと次は……なんだこれ!?

トラックの奥から登場したのは、大きなゴテゴテした機械。発送伝票には「トランスミッション」とあり、車両の部品のようです。行き先は茨城県・霞ケ浦駐屯地の関東補給処で、修理のための輸送とのこと。

トランスミッションは、箱に梱包されず、むき出しのままパレットにくくりつけられていました。こんな輸送の仕方は自衛隊内だからできることだよなぁ。民間の輸送会社とかにこの状態で持っていったら「梱包してください！」って言われるよなぁ。

別のトラックからは、有刺鉄線を直径1メートルくらいにぐるぐる巻きにした物も運び出されました。さすがにこれはむき出しではありませんが、段ボールで覆っているだけ。危な過ぎてこれも民間の輸送会社に持っていったら丁重にお断りされそうです。

トラックから運び出される荷物を眺めては、「はっはーん」だの「ええ!?」だのとリアクションをするという、おおよそ「仕分け」とは呼べない作業をしていると、班長が「では岡田さん、B口で検数員をしてみましょうか」と別の作業を指示してくれました。B口検数員の九鬼2曹から受け取ったのは、スキャナーとモニター。

発送伝票にはQRコードが印されていて、スキャナーでピッと読み取ると、この倉庫に到着したことがチェックされます。物流ターミナルな倉庫なので、全国のあっちこっちからあっちこっちへ行く荷物がそこここに積まれており、チェックをミスると「あの荷物どこ行った⁉」ともう全国中探し回らないといけなくなります。検数員、かなり重要な作業です。

B口に行くと、霞ヶ浦駐屯地からやってきたトラックが止まっていました。荷台の中では、霞ヶ浦駐屯地のドライバー隊員が「こいつに任せて大丈夫か？」という表情でスタンバイしています。

「お願いします！」

荷台から出される荷物をピッ、ひとつ一つピッ、あっちもピッ、こっちもピッ、あれ？これはピッしたっけ？あ、ここに私いたら邪魔だからこっちでピッ、さらにピッ、うわーでかいの来たー何これ？あ、マットレスだピッ、さっきのマットレスは「新潟地本行き」って書いてたなぁピッ、新潟地本さんもうすぐ新しいマットレス届くから待っててね～ピッ、ピッ、ピッ……終了～。

では結果発表。モニターを見てみると……あれ？ひとつピッできてないよ……ヤバいよヤバいよやっちゃったよ……。「おっ！ひとつ漏れてますね～、どれですか？探さないと！」って班長なんでそんなにうれしそうなんですか。こっちは真っ青なのに……と、そこへドライバーさんが「助手席にあります！」。

荷台に積むと紛失してしまいそうな小さな荷物は助手席に積むようにしているそうで、あー良かった、ピッし忘れたワケじゃなかったんだ……。助手席から出された小さな荷物をピッすると、無事全部チェック完了！　任務完遂！

安堵していると、「な～んだ、全部できたんですね。チェック漏れの荷物を探すとこまでやってほしかったのに」と残念そうな班長。いや、チェック漏れがあると大変なのは皆さんなんですが……。毎日夜遅くまで作業が終わらない鬼のような3月の繁忙期が過ぎ、ちょっとやそっとのトラブルはバッチコイな班長のようでした。

「お疲れさまでした～！」。作業終了後、班員の皆さんと缶コーヒーで乾杯。

「今日まで、自衛隊にこんな業務があるのを知りませんでした。皆さんは毎日こうやってお仕事をされてたのに……」

「いえいえ、陸上自衛官でも輸送科以外はあまり知りませんから」

「普通は知りませんよ」

「ですよね～！　……あ、スミマセン」

災害が起きると、私たちが普段使っている民間の物流サービスは遅延や一時停止が発生することがあります。でも、自衛隊はそうはいっていられません。災害や有事など、大変なときにこそ、「必要な物を必要な時期・場所に確実に輸送する」ことが求められます。平時はもちろん、災害や有事でも揺るぎない輸送を行うため、自衛隊は独自の物流システムを持っていました。
駐屯地の片隅にある、テニスコート2面くらいの倉庫の中。ナゾの第102輸送業務隊第1端末地業務班の業務は、「物流で日本を守るお仕事」でした。

作業伝票が折れ曲がっていたりして、ただピッするだけの作業にもなかなかコツが必要です。班員、トラックドライバーさんたちに手助けしてもらいながら、黙々とピッ、ピッ……

お疲れさまでした！

第1端末地業務班の班員の皆さん。足手まといな岡田に、丁寧にお仕事を教えてくれました。ありがとうございました！

とある輸送科隊員さんが、定年後に運ぶモノ

お手伝い企画1回目ということで、受け入れてくださった第１０２輸送業務隊第1端末地業務班の皆さんはもちろん、取材スタッフもそして私も「さて、どうやって進めよう……」と手探りな現場だったのですが、班長の横溝1曹が超ノリノリでお手伝いを指示してくださり、とっても楽しいお手伝いでした。やってることは想像以上に地味でしたが……。

ちなみに、本文に出てくる「高等工科学校」とは、ざっくりいえば「自衛隊の高校」。神奈川県横須賀市にあります。普通科高校と同等の教育だけでなく、工科や防衛基礎の専門教育を行っていて、卒業後は工科スペシャリストの陸上自衛官として勤務します。人気があって受験倍率がとても高く、高等工科学校の生徒さんたちを取材したときは10代と思えないような人格の若者たちに驚き、「なるほど、これは人気高校になるはずだ」と納得するとともに、「どうやったらこんな子たちに育てられるんだ？　彼らより親御さんたちを取材したいわ」という素直な感想を持ちました。

そして「地本」という言葉。略さず正確には「地方協力本部」という名前です。各都道府県に

COLUMN

置かれていて、地域の「自衛隊窓口」のような役割を持っています。自衛隊に志願するとき、その窓口となるのもこの地本。なので、高等工科学校のパンフレットが地本に発送されていました。ちなみに予備自衛官もこの地本の所属で、東京都在住の私は東京地本の所属。以前京都に住んでいたときは、京都地本の所属でした。

また、「体育学校」という言葉も出てきましたが、こちらは第102輸送業務隊第1端末地業務班と同じ朝霞駐屯地にある陸・海・空共同の学校。自衛官にとって欠かせない体育を調査・研究している機関で、オリンピックに出場する自衛官アスリートたちもこの体育学校の所属です。全国各地の部隊で勤務している隊員が、一定期間この体育学校で研修し（これを「入校」といいます）、格闘などの技術を身に付け、各部隊に戻ってその技術を多くの隊員に教える……ということも行われています。そこで、この体育学校に入校する隊員の荷物が運ばれてきていました。「方面隊」という言葉は本文で説明していますが、災害派遣のニュースでもよく出てくるので、頭に入れておくと今後ニュースが分かりやすくなると思います。

第102輸送業務隊第1端末地業務班は、「輸送科」の部隊。陸上自衛隊には「○○科」と名の付く16の職種があり、輸送科は文字通り輸送を担当する職種。今回の取材では、「もうすぐ定年退官するんです」という方ともお会いしました。自衛官は定年が早く、ほとんどの方が50代で定年を迎えます。ので、退官後は別のお仕事をされることが多いのですが、この方に退官後のお仕事を聞くと、「幼稚園に勤務して、園児の送迎バスドライバーをします」とのこと。日本の平和を守る物を運んでいた人が、今度は大事な子どもたちを運ぶお仕事に。目の前の迷彩服おじさんが園児たちに囲まれている姿を想像して、とてもほっこりしました。

砲弾磨き

海上自衛隊 下総航空基地 第3術科学校

2017年4月お手伝い実施

部隊のお仕事を岡田がお手伝いしながら紹介する本企画。さー、2回目はどんなお手伝いをするのかな〜……と、マモル編集部よりメールが届きました。

「徹甲弾《てっこうだん》を磨く業務です」

徹甲弾？　を磨く？　んんんんん？

なんのことやらワケも分からずやってきたのは、千葉県・下総航空基地にある海上自衛隊第3術科学校。の、学生隊。

海上自衛隊では「術科学校」というところで、任務に必要な知識や技能の教育・訓練が行われていて、第3術科学校はそのうち、航空機や施設の整備、地上救難、写真などを担当しています。

「学生隊」は、第3術科学校に入校している学生隊員さんたちのサポート業務を行う部署で、学生隊の隊舎は学生隊員さんたちが寝泊まりする場所でもあります。

「本日、磨いていただくのはこれです」

案内されて向かったのは、学生隊舎の玄関前。そこには、徹甲弾のモニュメントがどどーんと置かれていました。看板には、「40糎《せんち》被《ひ》帽《ぼう》徹甲弾《てっこうだん》」の文字が。

えーっと、なになに……？「この砲弾は旧海軍戦艦長門、陸奥の主砲用徹甲弾として製作されたものである」……か。なるほど、今日私は、この展示されてる旧海軍の徹甲弾を磨く業務をお手伝いするってことなのね。

看板には「40糎被帽徹甲弾」の性能も書かれていました。「全長１７０センチメートル、重量1トン」……人間の身長みたいな大きさのクセしてめっちゃ重いなこれ。人間が1トンもあったら絶対身動きひとつ取れないよね。……で、「最大射程距離３７９００メートル」!?　身動きひとつ取れないどころかめっちゃ飛ぶじゃん！　徹甲弾すげー！

……と、モニュメントの徹甲弾を眺めながらぶつぶつ言ってると、学生隊学生係の須藤健太3等海曹がご登場。本日、私の司令を務めてくださる隊員さんです。そして、一緒に作業をするのは、1月から第3術科学校に入校している学生隊員の川畑政人海士長と古田旺二郎1等海士。

「集合！」

須藤3曹の号令で、川畑士長、古田1士と一緒に並んで整列。

「けがのないよう、実施してください。敬礼！」

いよいよ作業開始。須藤3曹から1枚の布と、金属磨き剤を受け取りました。

徹甲弾はお尻の部分に真ちゅうという金属がはめられていて、川畑士長、古田1士の手際の良い作業を見ていると、磨くのはこの真ちゅう部分のもよう。で、私もお2人にやり方を教えてもらいながら磨いてみました。

布に金属磨き剤を付けて……ごしごし、きゅっきゅっ、ごしごし、きゅっきゅっ、ふう。なんだこの地味な作業⁉

「これ、定期的にやってるんですか？」

「当番の学生が毎朝磨きます」

「毎朝⁉」

「午前6時に総員起こし、すぐに日朝点呼、その後10分の掃除時間があります。担当する掃除の区域は居室や洗面所、隊長室など1週間ごとの当番制なんですが、この徹甲弾磨きもその一つです」

「なるほど～。〝お掃除〟の一つ、ってことなんですね。でも、これって毎日やらなきゃダメなんですかねぇ？　たった1日ですぐ汚れるもんなんですか？」

「そうですね。意外と1日で黒ずみますね。だから毎日ピカピカに磨いています」

「へぇ～。磨いては汚れ、また磨く……を毎日……。なかなか哀愁漂うお勤めだなぁ」

さー、結構磨いたぞ、キレイになったぞ、どうだ！　……と、川畑士長、古田1士が磨いたところを見てみると……ピッカピカ！　私が磨いたのと全然違う‼

「なんでそんなにピッカピカになるんですか？　コツとかあるんですか？」

「マルを描くように磨くとピカピカになりますよ」

「ふーむ。なるほど……。お2人とも若いのに黙々と偉いですよね～。川畑士長、何歳ですか？」

「20歳です」

「若っ！　……えーっと、お母さんは？」

「37歳です」

「ふああああああ！　お母さん歳下！　ごめん！　私、お母さんより歳上！　ごめん!!　哀愁漂うお勤めとか言ってないでマジちゃんと磨くわ、ごめん!!」

一緒に作業をしているお2人が息子のような感覚になり、急にタメ口になる岡田。いやでも息子たちがこんなせっせと短時間でピッカピカにしてるんだもんな。お母ちゃんもがんばらないと。

「磨いてたらこういうムラができるじゃん？　このこびりついてる汚れ。これってどうやったら取れるの？」

「ぐっと力を入れれば取れますよ。こんな感じで」

「ほえー、一瞬でサッと取れるもんなんだね～。そういうやり方ってどうやって覚えたの？　指導されたりするの？」

「いえ、特に……。私たちは自分の靴も毎日磨いているんですが、同じようにやればピカピカになりますね」

「靴か。なるほどね」

靴をピッカピカにするようにぐっと力を入れてガガガーっとこすると……お！　ピッカピカ！

なるほど、コツ分かってきたぞ！

「2人は第3術科学校で何のお勉強をしてるの？」

「航空電子整備課程です。海上自衛隊の航空機に搭載されている電子機器の整備を学んでいます」

「というと、P-3Cの鼻のとこに入ってるレーダーとか、そういうの？」

「そうです」

「お勉強がんばって、そんでこの徹甲弾磨きもがんばってるのか～。えらいな～」

お小遣いのひとつも握らせたくなるようなお母ちゃん気分で磨いてると、須藤3曹が「進んでますか？」と見に来てくれました。

「結構ピカピカになりましたよ！　どうですか？」

「うーん、このあたりはまだ足りないですね……」

「ええ!?　こんなに磨いたのに!?　……了解いいいいい！」

ぜってー褒め言葉もらってやる！　と気合が入り、「うおりゃあああああ！」と腰を入れてゴッシゴシ。

「ハアハア……こ、これでどうですか？」

再度須藤3曹に見てもらうと、「このくらいだったらいいでしょう」と褒め言葉には程遠いもののOKをもらえました。

ピッカピカになった、徹甲弾の真ちゅう。覗き込むと、鏡のように顔が映っています。おー、すごい。あんなにくすんでたのに、磨けばこんなになるんだ。

「お疲れさまでした～！」

作業終了後、缶コーヒーで乾杯。実は作業中、心にずっと引っ掛かっていたことがありましたので、勇気を出して須藤3曹に聞いてみました。

「あの……。思ってたこと正直に言ってもいいですか？」

「はい」

「展示されてる旧海軍の徹甲弾の真ちゅうを磨く業務……『これ、別にやんなくても良くね？』って思っちゃって……」

「そうですね（苦笑）」

「あ……スミマセン……」

「この業務は、第3術科学校の伝統なんです」

「伝統……。代々の学生隊員さんたちがずっと続けてきたこと……ですか？」

「そうです。掃除が課業の一環であり、そして徹甲弾の真ちゅう磨きも掃除の一環として、学生隊に受け継がれています」

「こういう『何かを磨く』というのは、海上自衛隊ではほかでも行われているんですか？」

「例えば、火災時などに使用する消火栓。水が出る部分の金属は、同じように金属磨き剤を使って、装備品を大切にする気持ちを込めて磨きますね」

「なるほど。入校中に徹甲弾の真ちゅうを磨く経験は、今後の部隊勤務でも役立つんですね」

うんうん、と川畑士長、古田1士も須藤3曹の言葉にうなずきます。お2人も、入校前の部隊勤務ではヘリコプターの機体をピッカピカに磨き上げたりと、「磨く」は当たり前にある業務とのこと。

思えば、靴をピッカピカに磨いたり、ベッドをぴしーっとシワひとつなく作ったり、車両を垂直・平行に並べて駐車したり、自衛隊には一見「これ、別にやんなくても良くね？」がたくさんあります。行進の列も動作も「乱れてたからってなんなんだ。前に進めりゃそれでいいじゃん」と言われればそうかもしれません。でも、行進がそろってない部隊はなんだか頼りなくてお世辞にも「強そう」には見えず、そんな光景を見た人は「自衛隊、大丈夫か？」と思ってしまいそうです。「自衛隊の規律ってヤバくね？　すぐ事故とか起きそうじゃね？」と。

ピッカピカな靴、航空機、展示品。きれいにそろった行進や駐車車両。……そうだ、これがあるから、これができるから〝自衛隊〟なんだ。これがあるから、自衛隊の規律や安全管理、精強さは徹底されているんだ。規律、安全管理、精強さを維持するために、たとえ展示物であろうとピッカピカにしなきゃいけないんだ。これ、「別にやんなくても良くね？」どころかすげー大事なお仕事じゃん。そうか、だから川畑士長も古田1士も、あんなに黙々と真剣に磨いてたのか……と気付いたのは、残念ながら作業がすべて終わった後。うわー、もっと心を込めてピッカピカに磨けば良かったなぁ……反省。

学生隊をおいとましようと、取材班が車を出すと、須藤3曹、川畑士長、古田1士が整列して待ってくれていました。「ありがとうございました〜！」。お礼を言うと、3人はゆっくりと帽子に手を伸ばし、「帽振れ」。頭上で回される帽子の向こうには、ピッカピカになった徹甲弾の真ちゅうが見えました。

そうだよ。これが自衛隊だよ。背筋を伸ばした自衛官、そしてあのピッカピカが〝自衛隊〟なんだよ。

「今日は〝息子〟たちに大事なことを教えてもらったな〜。なんか、明日からすげーがんばれそう」。私の心もピッカピカになり、下総航空基地を後にしました。

「そこ、もう少し磨きましょう」。小さなくすみも見逃さない須藤3曹の目に「うっわすげー鬼姑だ」とか思ってしまった自分がいかにアホだったのか、気付いたのは作業終了後でした

お疲れさまでした！

（左から）川畑士長、古田1士、須藤3曹と乾杯。丁寧に作業を指導していただきながら、大事なことも教えていただきました。ありがとうございました！

海自独特の文化、「総員起こし」と「帽振れ」

海上自衛隊には、陸上自衛隊・航空自衛隊にはない独特な文化があります。そのうち、本文に出てきたのが「総員起こし」と「帽振れ」。

「総員起こし」は、平たくいうと「起床」のこと。陸自・空自ではそのまま「起床」と言っているのですが、海自ではこう言います。「総員」とは「全員」の意味。要するに「全員起きましょう」ということですね。ちなみに、海自には「総員起こし5分前」という言葉もあります。陸自・空自は起床時間までは寝ていて、起床を合図するラッパが鳴ったらパパッと起きて身支度を整えるのですが、海自の場合は起床時間の5分前に「総員起こし5分前」と放送が流れます。しかしこのときは目を覚ますものの、まだベッドから出てはいけません。5分間ベッドでじっとしていて、総員起こしの時間にラッパが鳴って初めてバッと起きます。すべてにおいて5分前行動が徹底された、海自らしい文化です。

そして「帽振れ」。これは主に艦艇で行われる、ごあいさつのようなものです。ごあいさつすべきほかの艦艇とすれ違うときなどに、隊員が甲板に整列して「帽振れ」をします。で、実際に

COLUMN

何をするのかというと、「気を付けをして帽子を片手で持ち、頭上に掲げて円を描くようにゆっくり振る」。これ、すごくかっこいいのでぜひ動画サイトで探してみてください。陸自・空自には「帽振れ」にあたる動作は存在しないのですが、今回のように車を見送るときはおそらくフッーに敬礼をするんじゃないかと思います。

川畑士長、古田1士が何をお勉強しているか、というトークで出てきた「P-3C」とは、海自の飛行機の名前です。P-3Cは海の上を飛んでパトロールする飛行機。「P-3C」の「P」は「パトロール」を意味していています。正確には「哨戒機」という種類なのですが、パトロールのために機内にはいろんな電子機器が積まれています。そして「P-3C」の先端、鼻の部分にはレーダーが入っていて、川畑士長、古田1士はこういった機器の整備を学ぶために第3術科学校に入校していました。

輸送機の洗機

航空自衛隊 入間基地 第４０２飛行隊

2017年5月お手伝い実施

お手伝い3回目。いつものようにマモル編集部からメールが入りました。

「C-1輸送機を洗機してください」

洗機？ 飛行機を洗うってこと？ 「洗車」みたいに、飛行機を洗うことを「洗機」っていうのかな？ っぽいなぁ、たぶん。飛行機を洗う……うーん、ダメだ、スケールがでかすぎて私にできるのかどうかも分からない……。

不安な気持ちのままお邪魔したのは、埼玉県・航空自衛隊入間基地にある第４０２飛行隊。の整備小隊。第４０２飛行隊には「C-1輸送機」という名前の輸送用の飛行機があり、人や物を空輸する業務を行っています。そしてフライト前後の点検整備や燃料補給、飛行機の誘導を行っているのが、整備小隊。「自動車の場合、ガソリンスタンドで簡単な整備を行いますよね。整備小隊ではそのような整備業務を行っているんです」と、整備小隊の西原辰穂《たつほ》2等空曹が説明してくれました。

なるほど、確かに車もガソリンスタンドで洗車したりするよな。で、飛行機を洗う「洗機」も整備小隊でやってるってワケか。よーし、C-1、洗ってやろうじゃないの。車も洗ったことないけど。

と覚悟を決めていると、整備小隊長の稲田基《もとい》2等空尉から「今日は洗機に参加するということで、本~当~に、よろしいんですよね？」と念押しが。え？　何？　そんなにハードなの？　第402飛行隊のパイロットさんからも「壊さないようにお願いしますね！」、「濡れますけど大丈夫ですか？」と……え、なんなの？　これから何が起こるの⁉

「では、行きましょう」。覚悟が決まったんだかなんなんだか分からないまま小隊長の後を付いて行くと、滑走路脇のすみっこに1機のC-1がいました。機首のコックピットの窓の下、飛行機の顔のほっぺたのところには「030」という機体番号（ナンバープレートのような航空機の固有番号）が書かれています。

「ここは洗機をする専用の場所なんですか？」

「はい、『洗機場』です」

洗機場では、整備小隊の4人の整備員さんたちが準備をして待ってくれていました。通常、洗機は5人のチームで行うとのこと。今日は西原2曹をリーダーとして、松尾勇志《ゆうし》士長、望月達容《たつひろ》士長、奥和幸《かずゆき》士長、鈴木健之《たけし》士長、そして私の6人で「チーム・C-1の030を洗う隊」を臨時結成です。

「集合！」。西原２曹の号令で整列。作業指示を聞いていると、まずホースで水を掛ける↓モップに洗剤を付けてゴシゴシ↓洗い流す、という手順のもよう。

「では、作業に掛かる。分かれ！」

「分かれます！」

整備員さんたちがそれぞれのポジションへ機敏に散らばるも、私は何をやっていいのかサッパリなのでとりあえず０３０くんの周りをうろちょろ。「洗う前ってどのくらい汚れてるのかな～」と機体の横っ腹にある日の丸マークあたりをナデナデすると……指が真っ黒！

「C-1には減速させるための逆噴射装置があるので、ちょうどここに排ガスが付くんです。これがなかなか落ちないんですよ」と西原２曹。

「あと、この時期は花粉ですね。機体の上の部分に黄色く積もってるの……分かります？」

「あー、分かります！　すごい、ハッキリ見える！　こんなに花粉浴びて……C-1が花粉症だったら飛行中に気絶するレベルですねこれ……」

うん、これはしっかり洗ってきれいにしてあげなきゃな……と、洗機の覚悟はバリバリに決まりました。

「では、始めましょう。望月士長と〝初めての共同作業〟をしてください」と西原２曹に渡されたのは、ホースの放水口。20代と思しき若い望月士長との新郎新婦のケーキカットのようなホースの持ち方に申し訳なさでいっぱいになりつつ、いやでもこれはケーキカットじゃなくて放水だから！　放水どころか洗機に関わるすべてが初めての作業だから！　と心中で言い訳を並べ、いざ放水！

「はい、では磨いてください！」

放水が終わると、すぐさまゴシゴシ。洗剤入りのバケツにモップを浸して、機体にペシっと付けてゴシゴシ。「磨く」ことの大切さは前回の徹甲弾磨きでしっかり学んだからね。ちゃんと心を込めて磨くよ。……と、ふと隣でゴシゴシしてる西原2曹を見ると、「よ～しよしよし♥」と機体のおなかをいとおしそうに……えーと、ムツゴロウさんかな？

そういえば、C-1って鼻が黒くてフォルムが丸っこくて、柴犬ぽいよなぁ。じゃあ私も……と西原2曹をマネして「よ～しよしよし♥」とおなかをゴシゴシして尾翼を見てみましたが、シッポは振ってくれませんでした。まあ、そんな機能は付いてないよな。

とゴシゴシしてる間に、とっとと乾く茶色く汚れた洗剤の泡。「洗剤が付いている状態で乾くのは機体に良くないんです！」と西原2曹の叫びで再び放水。そして、ゴシゴシ、また放水。この日、5月上旬には珍しく気温は29度まで上がっており……そりゃすぐ乾くよなぁ。

「これからの季節、放水してもすぐ乾くから大変ですよね。それにもっと暑くなるとあの作業も……私、今結構汗だくですよ」

作業終了後、こう漏らすと「いえいえ、夏はまだいいんですよ」と松尾士長。

「放水で自分も水を被るので、夏の作業はいいんです。問題は冬。もちろん、冬は洗剤が乾かない分、作業工程は短くて済みます。でも寒い中で水を被って、滑走路脇は風が強くて体が冷えて、さらに雨が降ったときなんか……」

「うわー、それは嫌だ！　冬に水を被るって……カッパとか着ないんですか」

「雨衣を着ると、高い所を洗うときに動きにくくて、視界も悪くなるんです」

「そうか……。で、結局寒い中びしょ濡れで……」

「手の感覚もなくなりますし……『手の感覚がない』というより『手がないという感覚』になりますね」

「あったかい手袋とかしないんですか？」

「防寒性能のある手袋だと、力が入らなくて磨けないんです」

「あー、ゴワゴワの手袋はそうなっちゃいますよね……」

「冬にもう一回来て洗機します？」

「ご遠慮申し上げます」

そうなのか……そこまで大変な思いをしても、機体は「きれい」にしておかなきゃなのか……と唸ってると、稲田小隊長が「洗機の大切さ」をお話ししてくれました。

「外観を良くするということももちろんなのですが、『腐食の防止』、『視界を良くする』、『検査で不具合を発見しやすくする』との理由から洗機は重要な作業なんです。洋上で浴びる潮や空気中のゴミが付いたままだと機体は腐食しやすくなります。そして窓が汚れていたら飛行中の視界がさえぎられてしまいます。航空機は定期的に検査を行うのですが、汚れたままだと腐食やヒビ、ネジの緩みなんかを見落としてしまうかもしれません」

ほんの少しのトラブルが、命に関わる航空機。直接的に命に関わるトラブルじゃなくても、予定通りの空輸ができなければ任務に影響しますし、任務に影響が出ればやはり人命に関わってきます。

そうか、今日の私のあのゴシゴシは、人の命を預かってたのか。

「カーレースのF1でも、車体のきれいなチームが優勝するものです。車体の美しさは、整備が行き届いている証拠でもあるんですよ」と、稲田小隊長。西原2曹も「整備をしっかりしていたら機体に愛着が湧いて、よりきれいに洗機しようと思いますしね」とうなずきます。

「あー、愛着！　どうりでさっき『よ〜しよしよし♥』って……！」

「犬の〝ポチ〟のような気持ちで洗機してしまいます（笑）」

「確かに、私もほんのちょっと洗機しただけなのに〝030〟にはもう、すごい愛着湧いちゃってますね（笑）」

航空自衛隊には、航空機1機に対して責任者的な整備員が1人付く、「機付《きづき》」という制度があるんだそうです。「自分が管理する機付の機は『俺の飛行機』という感覚ですね。機付の機体を洗機するときはより気合いが入りますし、心もよりこもります。〝機付愛〟がありますから」と松尾士長。

「なるほど、〝機付愛〟か～。030の機付はどなたなんですか？」

「030の機付の隊員は、今日は別の整備作業をしているんです」

「そうなんですか～。残念、お会いしたかったです」

「なんでですか？」

「いや、私を030の〝終身名誉機付〟的なのにしてもらえないかな～と……すみません、ほんと勝手に愛着湧いちゃって（笑）」

「030の機付に言っときます（笑）」

1970年の初飛行以来、大切に受け継がれてきたC-1輸送機。現在、航空自衛隊では後継機であるC-2輸送機の運用試験が続いていて、C-1が現役でいるのはあと10年弱くらいなんだそうです。私が洗機をお手伝いした030くんも、10年以内に「用途廃止」され、姿を消すことになります。

あの030くんが、もうすぐいなくなる……ほんのちょっと「よ～しよしよし♥」しただけなのに、考えただけで泣きそうです。私でもこんな気持ちになるのに……いつも洗機して整備してる整備員さんたちは、どんな想いで〝そのとき〟を迎えるんだろう。

030くん、もう長いこと飛んでてお疲れだろうけど、あとちょっとがんばってね。整備員さんたちにきれいにしてもらって、あとちょっと、元気に安全に飛び続けてね。整備員さんたち、超かわいがって、超大事にしてくれてるからね。

自衛隊の「安全」はこんな「愛着」からも作られてるんだな〜と、しみじみ感じた洗機のお手伝いでした。

ゴシゴシするとシッポは振ってくれませんでしたが、舌を出して喜んでくれました。まあ、出してるのは舌じゃなくてカバー付きの前輪なんですが

お疲れさまでした！

雰囲気の良い整備小隊。機体の美しさ、徹底された整備はこんなチームワークからも生み出されているのかもしれません

C-1、マジで見納めが近くなってきました

前回のP-3Cに続き、今回はC-1という飛行機が登場しました。P-3Cの「P」はパトロールの「P」でしたが、輸送機であるC-1の「C」はカーゴ（貨物）やキャリー（輸送）の「C」。自衛隊の飛行機やヘリコプターの名前はアルファベットと数字の羅列で何がなんやらサッパリなのですが、最初の文字に注目すると何をする飛行機・ヘリコプターなのかが分かりやすいです。ちなみに、陸自にあるOH-1という観測ヘリコプターの「O」はオブザーブ。多用途ヘリコプターUH-1の「U」はユーティリティーです。

今回のお手伝いをしたのは、2017年の5月でした。本文で「現在、航空自衛隊では後継機であるC-2輸送機の運用試験が続いていて」と書きましたが、その後試験ではなく本格運用が始まり、現在は任務での飛行が行われています。鳥取県の美保基地でのみ運用されていたC-2ですが、今回お邪魔した入間基地にも近々配備される予定です。

C-2がどんどん増えていくのは運用面でも安全面でもとってもうれしいことなんですが、それにつれC-1が姿を消す日も近いんだろうな……と実感が湧いてきてしまい……。030くん、

COLUMN

いつまで飛べるのかなぁ、いやもう大切に使いすぎなくらい長いこと飛んでるんだからそろそろ休ませてあげなきゃなんだよなぁ、といろんな感慨がぼこぼこ深くなってしまいます。

排水の水質検査

陸上自衛隊　関東補給処化学部

2017年6月お手伝い実施

マモル編集部からメール着信。今回お手伝いする部隊は……。

「関東補給処の化学部です」

化学部？　化学……うーん、化学かぁ。私、高校のときに化学で0点取ったことあるんだけど……センター試験前日はセンター対策どころか卒業試験の化学の再々々試を受けてて「おめーは大学受験以前に高校卒業できんのか？」だったんだけど……こんな人間は化学と名のつくものに関わらないほうが全人類のためだと思うんだけど……化学部……お手伝いに行っても大丈夫なんだろうか……。

とりあえず「たぶん危険な薬品とかあるんだろうけど死人が出なきゃ大成功だ」と最低限すぎる目当てを心に決め、お邪魔したのは茨城県にある陸上自衛隊霞ヶ浦駐屯地。の、関東補給処。

「関東補給処」といえば、思い出すのはお手伝い1回目。朝霞駐屯地の第102輸送業務隊でお手伝いをしたとき、輸送される物資の中に車両のトランスミッションがありました。これは修理のための輸送だったんですが、行き先がこちらの関東補給処。関東補給処では車両などの整備をしたり、車両だけでなく被服や非常用糧食、医薬品、弾薬といった陸上自衛隊で使ういろんな「モノ」を、全国の各部隊へ補給するお仕事をしています。で、この関東補給処に「化学部」という部隊があるとのことなんですが……補給処と「化学」に何の関係が？

事態を飲み込めずにいると、化学部の小山和徳3等陸佐がある場所に案内してくれました。向かった先は、「環境保全検査場」。なんだここ？

「関東補給処では補給・整備業務のほかに『検査業務』も行っています。装備品や武器の保安検査、技術検査などがその任務なのですが、今日お手伝いしていただくのは『水質検査』です」

隊員さんたちがお仕事や生活をしている、全国各地の駐屯地。お仕事や生活をしていれば、排水が出ます。しかし排水をその辺にだーだー流してしまうと環境に影響を及ぼしてしまいます。そこで、「下水道法」、「水質汚濁防止法」、また地方自治体で定められている条例にのっとって、各駐屯地で排水の処理をしています。そして「処理した排水は、ちゃんと法や条例の基準値内かな？」という水質検査を、ここ化学部でやっているんだとか。

「われわれも地域の一員なので、地域の皆さんに信頼してもらえるように水質検査はしっかりと行っています」

「は〜〜〜自衛隊ってそんなこともやってるんですね〜。排水かぁ……確かに、人がいれば排水が出るもんなんですけど、考えたこともなかったなぁ」

「この水質検査業務は、隊員にもあまり知られていないと思います」

「駐屯地の中に、排水を処理する施設があるんですか？　取材でも予備自衛官の訓練でもいろんな駐屯地をうろうろしてるのに、そんな施設を見た記憶がないんですが……。例えば、朝霞駐屯地だったらどこにあるんですか？」

「北東の一角にあります」

「あー！　あのナゾのエリア！　あそこ、排水処理の施設だったんですね。朝霞は予備自衛官訓練でお世話になってるんですが、そうか、何も考えずに流してる水はあそこで処理してくれてたのか……で、こちらでその水質検査を……いやー、まったく知りませんでした」

目からウロコがポロッポロ落ちたところで、白衣を着てお手伝い開始。「水質検査室」に入ると、検査技術班の桑原一己陸曹長、境康伸3等陸曹のお2人が準備をして待ってくれていました。

「ではまずpHを測定します」

「ペーハー……えーと、これで何が分かるんですか？」

「酸性、アルカリ性の数値が、基準値内かを調べます。ボトルの水にpH測定器の電極を浸してください」

測定器の横には「駒門《こまかど》」、「板妻」、「朝霞」といった、東部方面隊の駐屯地の名前が書かれたボトルが置いてありました。中には各駐屯地で処理された排水が入っています。では早速、ボトルのキャップを……うーん……。

「すみません、これって1本ずつしかないんですか？」

「2本ずつ汲んでますが、なぜですか？」

「私、こういうのすぐひっくり返すんですよね……。飲み屋でもしょっちゅうビールジョッキをひっくり返すタイプの人間で……2本ともひっくり返したら検査できなくなっちゃうんですよね……」

「大丈夫ですよ（笑）」

慎重にキャップを開け、慎重に電極を浸し、モニターに出た数値を用紙に書くときにも肘でボトルを倒したりしないように慎重に、慎重に……ってこれ化学が苦手とかそれ以前の問題だな。私絶対この仕事向いてないわ。

「駒門……はい、基準値内です。次は板妻……朝霞……相馬原……はい全部基準値内です。お、慣れてくると結構楽しくなってきたかも」

「楽しくなってきたところですが、pH測定はこれで終了です」

「……はい」

「次は水に含まれている油の量を計測します」と、桑原曹長の後をついて行った部屋は、「Nx分析室」。出た、理解不能な化学用語。

「Nxは『ノルマルヘキサン』という溶剤です。排水にノルマルヘキサンを混ぜて油分を抽出し、希薄塩酸を入れて酸性に……メチルオレンジを……揮発で……」

宇宙語のような応酬に意識が遠のきそうになるのをこらえ、とりあえず「これは排水に含まれてる油が基準値内かどうかを測定するための作業なのね」ということだけは理解し、言われるがままメスシリンダーに駒門駐屯地の排水を投入……バッシャーン。

「わー！　派手にこぼしましたやっぱりやらかしましたすみません‼」

「大丈夫ですから！」

境3曹が手際良く拭いてくれ、ああもう、連載4回目にして今回は確実に「お手伝いじゃなくて邪魔しかしてない」ランキング第1位だよもう。

そして渡されたのは、防毒マスク。ノルマルヘキサンは神経系に影響を及ぼす毒性があるそうで、吸い込まないように防毒マスクを着用しなければならないんだそうです。油を測るのって大変だなぁ。

防毒マスクを着けて、メスシリンダーから丸フラスコに移した排水にノルマルヘキサンを投入。さらに薬品を入れたり分離した水を取り除いたりという雑な人間には向かない細かな作業を終えると、「では、溶剤をよく混ぜるために振ってください」。え？　振る？

「このように」と桑原曹長のお手本を見ると、カクテルをシェイクする動作を5倍派手にしたような激しさでぶんぶんと……えーと、それをフラスコでやるんですか？　ガラスですよ？　私、100パー割りますよ？　知りませんよ？

「2分間です。よーい、始め！」

「どおりゃああああ!!」

ぶんぶんぶんしゃかしゃかしゃかしゃかしゃか……。

「あの……まだですか……」

「まだ1分もたってません」

「そろそろ腕がヤバいんですけど」

「がんばってください」

「ダメです落としますす割ります！」

「割らないでください！」

「だーーーーーーー!!」

「はい、終了です！」

「はぁ……はぁ……防毒マスクで超息苦しい……」

なんとかフラスコは割らずに済みましたが……油を測るのってこんな体力仕事なの？　でもこれでやっと測れる……と思いきや、さらに混ぜたものをろ過して別の部屋に持って行って高温の機械に入れて30分揮発させて冷却して……という手の込んだ作業が。で、乾燥後に残ったのが排水に含まれてた油で、それを「天秤室」に持って行き、やっとこさ重量を計測……油を測るのって大変！

計測した数値を見てみると、やたらと細かい数字が並んでいます。

「これってコンマどこまで測ってるんですか？」

「0・0001グラムです」

「細かっ！　あんな大変な思いして、出てくる数字小っさ‼」

でも、この細かい数値を測らなければ基準値内なのかどうかは分からないんだそうです。いやー、ほんと大変だなぁ。

この後、「第2機器分析室」というところで、排水の中に含まれているマンガン、亜鉛、銅、鉄、クロムの量が基準値内かを計測しました。排水を炎色反応させ、金属1つずつの数値を計測……もちろん、各駐屯地の排水ごとに。

水質検査って気が遠くなるような地道な作業の繰り返しで数値は細かくて、ピリッピリに神経使いながらときに体力仕事で……もう、へとへとになりました。

「今日はお疲れさまでした」

ぐったりしてると、化学部長の佐藤信義1等陸佐がねぎらってくれました。

「いえいえ、お邪魔ばかりで……。自衛隊で『化学』というと、化学科職種のイメージしかなかったんですが、こんな水質検査のお仕事もあるんですね」

「化学科職種のメインは生物・化学・放射性兵器への対処なので、補給処の業務はあまり知られていませんね」

「水質検査の業務は全国でしているんですか？」

「方面隊ごとに行っています。東部方面隊はこちらの関東補給処化学部。ほかの方面隊の補給処には化学課があり、同様に検査をしています」

「どの方面隊でもこんな大変な……でも、とっても大事な業務ですよね」

今まで考えたこともなかった、駐屯地の排水。そしてその水質。お手伝いをしてからは、お風呂に入っていても、お皿を洗っていても、排水を出すたびにこの水質検査を思い出し、「日本の平和はいろんな業務に支えられてるんだなぁ」と認識を新たにするとともに、「化学は今さら修得できないけど、せめて水をこぼすような雑さは直そう」と反省する日々を送っております。

メチルオレンジを投入。酸性がどうのでメチルオレンジの色が変化するのしないのとまあサッパリ分かんなかったんですが、薄いピンクになったり濃い桜色になったりしてとってもきれいでした

お疲れさまでした！

雑な作業でご迷惑をお掛けしましたが、「思い切りが良くて、ある意味検査業務に向いていますよ」と心優しい化学部の皆さんでした

『シン・ゴジラ』でも大活躍！……と思われる化学科

今回お邪魔したのは、「化学科」という職種の部隊でした。「兵器」という言葉を聞くと、銃弾バンバン大砲ドーンなイメージが強いかと思いますが、「特殊兵器」と呼ばれるものもあります。バイオテロなどで使われる生物兵器、サリンのような化学兵器、そして放射性兵器。化学科は、このような特殊兵器で日本が攻撃されたときに対処する職種です。

相手してるのがあまりに特殊な兵器なので、世間にはあまり知られていない化学科。ですが、30代後半くらい以上の方には、地下鉄サリン事件で自衛隊が活動をしたご記憶があるかと思います。あれが、化学科の部隊です。またお若い方は、映画『シン・ゴジラ』を思い出してください。自衛隊の隊員が、放射線の測定（と思われる作業）をしながら「寝相はいいんだな」、「その分、腹にエネルギーを貯めてるってことだ」という会話をしていましたが、あれが化学科職種の隊員です。たぶん。特に書かれていなかったので分かりませんが、お仕事的にそうじゃないかと思っています。たぶん。

COLUMN

冷凍庫の在庫調査

海上自衛隊 横須賀基地業務隊 給養係

2017年7月お手伝い実施

連載開始当初はワクワク待っていたマモル編集部からのメールも、最近は「今度は何やらされるんだろう」と少々戦々恐々。さて、今回は……。

「食堂のお手伝いです」

お、これは難なくやれそうな気がするぞ。これまでと比べたらものすご～～く日常的&現実的だぞ。今回は大丈夫だな。

と、足取りも軽くお邪魔したのは、神奈川県・海上自衛隊横須賀基地業務隊。の隊員食堂。基地内で勤務する隊員さんたちが食事をする隊員食堂には「給養係」という配置の皆さんが勤務していて、調理などの業務を担当しています。隊員食堂では、給養係の泉宏幸海曹長、鶴田愛2等海曹、石井智大海士長、中馬駿一1等海士がお出迎えしてくれました。

「よろしくお願いします」とごあいさつしながらふと見ると、なんだか物々しい防寒着が。えーと、今は真夏だよね……。今日はちょっと涼しいとはいえ、30度はあるよね……。これは一体

……。

「本日、岡田さんにお手伝いしていただくのは、冷凍庫の在庫調査です」と、先任海曹の泉曹長。

「在庫調査……というと、在庫の数を確認する業務ですか？」

「はい。冷凍庫には20品目以上の食品があり、月に1回1品ずつ在庫をチェックしています。また、消費期限が早い物から使うので、出しやすいように置き場所の入れ替えも同時に行います」

「それを、冷凍庫の中で……？」

「はい」

はっはーん、あれはそのための防寒着なんだな。

「冷凍庫って何度くらいですか？」

「マイナス25度です」

「おおおお……真夏にはうれしいですけど……何分くらいの作業なんですか？」

「1時間くらいですね」

「死ぬ（小声）」

「大丈夫ですよ。今日はファンを止めますから」

ファンを止めればマイナス25度から少しずつ温度が上がるんだろうと予想は付きますが……でも……。

「まあ、給養係の皆さんが月イチでやってるのにこうしてピンピン生きてるんだから死ぬことはないよな」と自分に言い聞かせ、防寒着を拝借。モコモコしたズボンにモッコモコのジャンパーを着こんで食堂の外へ……暑い！　今ココまだ真夏の30度!!　寒さ地獄の前に暑さ地獄!!

ふぅふぅ言いながら到着したのは、屋外に置いてある冷凍庫。小型トラックくらいの大きさの冷凍庫の入り口には庫内の温度が表示されていて、おそるおそる見てみると「マイナス24・9度」。「ラッキー！　マイナス25度じゃなくてマイナス24・9度じゃん！　0・1度ラッキー！」と思ってたら瞬時に「マイナス25度」に変わり大きく落胆。たったの0・1度がこんなにも精神を揺さぶるとは。

「では、中へどうぞ」

泉曹長がガッシャンと重いドアを開けると、ひゃーっとした冷たい空気が。外気温と55度差の庫内へ入ると……。

「おー、涼し〜〜……いや、寒い！　これ寒いめっちゃ寒いマジやばい！」

当たり前の感想を素直に口にしていると、「岡田さん、大丈夫ですか？」と鶴田2曹が女性らしい気遣いをくれました。

「はい、大丈夫ですよ！」

「そうですか、では在庫ですが……」

ああ鶴田2曹、そこはもっと気遣ってくれてもいいんですけど……いやでも今日は寒さ体験に来てるワケじゃないもんな。お手伝いだお手伝い。

「じゃあまず、牛ひき肉」

泉曹長が白い息を吐きながら食品名を伝えると、鶴田2曹、石井士長、中馬1士がパパパーっと数えて「15箱です！」。そして積まれている物を消費期限別に選り分け、バケツリレーの要領で積み直し。消費期限が遅い物を下に積み、早い物を上に積んで使うときに取りやすくする……と、なるほど、こうやるのか。

「次、豚ひき肉」

私もお手伝いしようと「豚ひき肉はどこだ……？　あ、これか、いち、に、さん……」と数えてる間に鶴田2曹が「21箱と2EAです！」。さすが給養歴14年のベテラン、早ぇーわ！

「今の、にーいーえーってなんですか？」

「箱に入っていない物は、パックされた塊を『EA』と数えるんです」

「へー、21箱と2パック、ってことなんですね」

私もEAって言ってみたいぞ、誰より早く数えて報告したいぞ、と「紅鮭」、「鶏ホールレッグ」と食品名が読み上げられる度に「いち、に、さん……」と勝負に挑みますが、全戦全敗。ちきしょう。

せめて積み直しは……と、せっせとバケツリレーに参加していると、積み方にコツがあることに気付きました。食品が入った箱は「4個積み」、「5個積み」と、一段に並べる個数によって独特な積み方があります。高く積んでも安定するように、崩れないように、箱を互い違いに並べて積んでいくんですが、こうやると安定するだけじゃなくて何段かを数えただけで総個数がパッと分かる！

冷凍庫内にも、自衛隊らしい整理整頓、そして安全管理。ふむふむ、勉強になるなぁ～と全力で感心しきりたいのですが、寒さで鼻水は出るわ指先はかじかむわ耳はキンキンだわ……特に耳が……痛い!!

「岡田さん、一回外に出ましょう」

「いやー、これ結構つらいですね。鶴田2曹は大丈夫なんですか？」

「慣れてますから。私も慣れない最初のころはちょっと外に出たりしてましたよ」

「あ、そういうもんなんですね。じゃあ、お言葉に甘えて……」

重いドアを開けて外界に出ると……ああ、暖かい！　指先と耳が一気に緩む！　うーん、でもこれはこれでやっぱ暑いなぁ。湿気がいつも以上にまとわりついて感じるというか……なんか不快……。

湿度がとりわけ高い日でもなかったんですが、いつも味わってる以上にムシムシさを感じて、「冷凍庫に戻りたいなぁ」とすら思ってしまい、でも指先と耳はまだガッチガチ。なので、もうちょっと外界に居たほうがいいんだろうなぁ……とおとなしくしていると、冷凍庫から「ドーン！」、「ガーン！」と激しい音が。庫内では在庫調査が続いているようです。ただ箱を移動させているだけなのに、外に出てみるとなんて激しい音……そりゃ全部が凍ってるもんなぁ。あんな激しい音にもなるよなぁ。

鼻水は止まらないものの、指先と耳が温もったので再び庫内へ突入！　庫内では牛肉スライスの箱を積み直しているところで、動かしやすくなった手でさっきよりは機敏にお手伝いできました。

「ところで泉曹長、あのビニール袋の山ってなんなんですか？」

「あれは氷です」

「氷？」

「もうすぐ横須賀地方隊でイベントがあるんですが、そのとき使う氷を準備しているんです」

「あれも数えるんですか？」

「はい」

イベントがあればそんなお仕事もあるのか～、ということで、ゴミ袋ほどの大きさの氷袋をわっせわっせと移動、積み直し。

「うわー、箱と違ってこの袋は持ちにくいですね～。これ、どこに積むんですか？」

「こっちに積み上げて置きましょう」

袋の山を積み直したところで、泉曹長が「で、いくつだった？」。すると「？」な顔で互いを見つめる鶴田2曹、石井士長、中馬1士。そこですかさず私が「14袋です！」。

「お～、岡田さんありがとうございます！」。イレギュラーな物の積み直しで、皆さんどう置くかに一生懸命で、数まで頭が回っていなかったようなのですが、そこは「何すればいいのか分からず結局突っ立ってただけ」だった私の出番。突っ立ってるついでに「いち、に、さん」とやれたおかげで、ようやく在庫の数を報告することができました。

「これで終了です」。冷凍庫のドアを開け、みんなでお外に脱出。すると泉曹長、石井士長、中馬1士のメガネがさーっと白く曇りました。

「すごいですね！」

「いつもこうなるんですよ」

「というか泉曹長、素手じゃないですか!?」

全員防寒用の手袋をしている中、個数を用紙に記入する泉曹長は素手で作業していました。「いえいえ私は北海道出身ですから」ってそういう問題!?

「いくら北海道出身でも、指とか痛くなりません？」

「今日はファンを止めたので慣れればそこまではありませんが、ファンを入れっぱなしのときは耳、鼻、指がやられますね。ファンを止めなければ今日のような長時間は無理です。だいたい10分以内には一度外に出ます」

石井士長も、「ファンを止めないときは耳当てを着けます。今日は止めたので着けませんでしたが」と、やはりファンの作動の有無は大きいもよう。というか、ファンを止めた今日でも私は耳当てが欲し過ぎたんですが……。

「でも夏で良かったです。これが冬だと外に出ても寒いですもんね」と漏らすと、「いえ、冬は冬で外に出たら暖かく感じますよ」と泉曹長。

「冬より汗をかく夏のほうがつらいですね。調理業務で汗をかいてしまうので、そのまま冷凍庫に入ると背中が凍ります」

「冷凍庫の作業だけじゃなくて、ほかにもいろんな業務がありますもんね……」

たくさんの隊員さんが食事をする、隊員食堂。大量の調理には食材も調味料も大量の物が必要で、給養係のお仕事は意外と力仕事です。そして暑かったり寒かったり、環境もかなりハード。

任務に欠かせない……というより、生きるために欠かせない食事にまつわるお仕事は、自衛隊を支える「縁の下の力持ち」と言われることが多いですが、縁の下どころか肉体的にも精神的にもただただ力持ち過ぎる業務でした。

食品の箱をせっせとバケツリレー。手がかじかむので防寒用の手袋をしてるんですが、これが滑って持ちにくい！　さらに凍っているので箱はつるつる。手のいろんな筋がつりそうな力仕事でした

お疲れさまでした！

朝食、昼食、夕食すべてをまかなうため、給養のお仕事は勤務時間もハードだそう。これからもおいしいごはんをよろしくお願いします！

海自は「食」も独自です

自衛隊の駐屯地・基地内には隊員のための食堂があります。海自の場合は、艦艇の中にも。陸地にある駐屯地・基地の隊員食堂には自衛隊員ではない人も調理業務に就いていますが、艦艇では隊員以外の人に勤務してもらうわけにはいかず、艦艇内の食堂で調理をしているのは全員海上自衛官。航海は長期にわたることもあり、生きるための「食」が任務にも大きく関わるので、海自には調理を専門職とする隊員がいます。それが、今回の給養係。

第2回のお手伝い「砲弾磨き」では、海自の「航空機整備」や「地上救難」のお勉強をする第3術科学校にお邪魔しましたが、「給養」も同じように術科学校で専門の教育を受けます。給養を担当しているのは、京都府舞鶴市にある第4術科学校です。

海自のごはんといえばカレーが有名ですが、それ以外のメニューも絶品。以前お邪魔した艦艇でいただいたスイーツは、味も映えも「ここは高級ホテルのカフェかな?」と思うようなクオリティーで大感動でした。

COLUMN

航空路図誌の校正

航空自衛隊 航空保安管制群 飛行情報隊 図誌班

2017年8月お手伝い実施

マモル編集部よりメール受信。今回お手伝いする部隊は……。

「飛行情報隊図誌班です」

え、えーっと、字面からすると、飛行の情報の隊の図の誌の班ってことかな？ なんだよね。

おそらく。なんだかサッパリ分かんないけど行ってみましょう。

お邪魔したのは、東京都府中市にある航空自衛隊府中基地。の飛行情報隊。お出迎えしてくれた橘昌条《まさなが》1等空尉の名刺を見ると、「飛行情報隊ノータム図誌班長」と書かれていて、さらにサッパリ分からない単語が登場。ん〜〜〜今私の目の前にいる人は何者なんだろう？

「あの……。ノータムずし？ ってなんですか？」

「では、ご説明しましょう」

ということで、まず橘1尉が「飛行情報隊とは？」の授業をしてくれました。

飛行情報隊は、航空機が安全に飛行するためのさまざまな情報を扱う部隊。「ノータム中枢業

務」と「飛行情報出版物の編集、校正」の2つの任務があり、それぞれを「ノータム班」、「図誌班」が担当しています。「ノータム」とは「Notice To Airmen」の頭文字を取った「NOTAM」で、飛行場の情報、火山噴火などの情報、また「いつどこそこで花火大会がありますよ」といった「飛行に関する一時的な情報」を集めて提供し、航空機の安全な飛行に役立てている……と、これが「ノータム班」。一方「図誌班」は、パイロットさんが使用する航空路や訓練空域などの図や本を作ったり、修正を加えたりする……とのこと。

「あ、航空路ってひょっとして……？　私、旅客機に乗ったときはいつも、前の座席の背もたれに挟まってる本の最後のほうのページにある、空の道路みたいな線が地図に書かれてるヤツ見ながら窓の下の地上とにらめっこしてるんですけど、あれのことですか？」

「そうです、それを想像してもらえれば」

「で、飛行情報隊にはノータム班、図誌班の2つがあって、橘1尉はその2つの班の班長、ということですか？」

「そうです。2つの班の班長を兼任して、『ノータム図誌班長』です」

目の前にいる人が何者かが分かったところで、はて、私は何をお手伝いするんだろう？

「今日、岡田さんには、航空路図誌の校正をお手伝いしていただきます」

というところで、実際に航空路図誌を見せてもらったら、ナゾの数字にナゾのマーク、書いてある文字も専門用語を含めてすべて英語で……いや、無理だって！

「では、細部を説明します」

と、逃げる間もなく飛行情報隊の授業に続き航空路図誌の授業が始まりました。

航空機の飛行方法には計器飛行方式のＩＦＲと有視界飛行方式のＶＦＲとがあって、ＩＦＲには標準計器出発方式のＳＩＤと標準計器到着方式のＳＴＡＲと計器進入方式のＩＡＰとがあって、航空路図誌には待機経路をこういう線で書いて、飛行する方向をこの矢印で表していて、んでこの線は進入経路、この線は進入復行経路、で、地上にある無線施設もいくつか種類があって、ＴＡＣＡＮってのは方位と距離が分かる無線施設で航空路図誌にはこんなマークで書いて、ＶＯＲってのが方位のみの無線施設でこのマーク……んでＶＯＲＴＡＣってのは……ＤＭＥは……もう航空路図誌ややこしすぎ！　とりあえず日本語でおｋ!!

でも、橘1尉の丁寧な授業のおかげで「空の地図の地図記号」がなんとなーく理解でき、うん、これから旅客機に乗ってあの本の図を見るとこれまで以上に楽しめそうだな、人生がより素晴らしいものになるいいお話聞けたな、いや〜今日は良かった良かったじゃなくてお手伝いだお手伝い。

ということで、「図誌班」の皆さんがお仕事をされてるお部屋へ。図誌班では、須田美智子2等空曹、鈴木美由紀2等空曹、板垣博未3等空曹の3人の女性がパソコンとにらめっこしていました。

「では、岡田さん、こちらへ……」

鈴木2曹に言われたパソコンの前に座ると、モニターにはさっきお勉強した航空路図が。鹿児島県にある奄美空港の進入経路や待機経路が書かれた航空路図で、今日はこれを修正するとのこと。

「月に1度、オーダー（修正の指示が書かれた書類）が来ます。これです」

オーダーと現状の航空路を見比べると……あ、進入経路の角度の数字が違う！

「ふむ、この数字を書き直すんですね」

「数字だけでなく、角度が変わるので経路の線も書き直します。そして修正箇所はほかにもあります。この待機経路の角度、そしてこの進入復行経路の角度、あとこの旋回する距離……」

「おお言われてみれば確かに。てか、これ現状の航空路図とオーダーを見比べて『間違い探し』しなきゃなんですか？　めっちゃ見落としそうなんですけど……」

「そうですね」

「これって、パイロットさんが飛行のときに使う図なんですよね？　これを頼りにパイロットさんは飛ぶわけですよね？　もし『間違い探し』を見落としたままだったら間違った航空路図を作っちゃって、そしたら事故につながったり……うわこれめっちゃ神経使うなぁ」

オーダーを見ながら、早速修正開始。専用のソフトを使って、経路の線を書き直し、数字を書き直し、経路の線に飛行する方向の矢印を付けて……。

「岡田さん、うまいですね！」

「こんな感じの、画像をいじるのって好きなんですよ～。それに、いつも使ってる画像編集ソフトと操作方法が似てるから、扱いやすいです」

「初めてでこんなにスムーズにできる人はなかなかいませんよ！」

連載6回目にして初めてお褒めのお言葉ゲット！　いや～今日はわれながら結構お手伝いできてる気がするぞ。

「はい、できました！」

「では、プリントアウトして、このファイルに入れてください」

校正した日と時間、そして校正者の私のイニシャルを書き込んで、オーダーの用紙も一緒に専用ファイルへ。そしてファイルを指定された棚へ。

すると、今までお向かいのパソコンで作業していた須田2曹が席を立ち、棚からファイルを取って、元のパソコンの席に戻りました。

「鈴木2曹、須田2曹は今何を……？」

「修正した図をチェックしているんです」

「あー、なるほど。間違いがないか、修正点の見落としがないかを二重にチェックするんですね」

「いえ、3人がチェックします」

「三重チェック！　徹底されてますね～」

しばし図を見ていた須田2曹。何やら書き込むと、ファイルに入れて今度はチェック済の棚へ。

「チェックが終わったので、ファイルを取りに行きます」と鈴木2曹に促され、ファイルの中身を確認すると……2カ所に赤字の記入が。

「これは……？」

「矢印が抜けていますね」

空港へ着陸するときの「進入経路」と、着陸するために進入しようとしたもののトラブルなどで断念し、上昇するときの「進入復行経路」、そして着陸のため上空で待機するときの「待機経路」には、どっちの向きに旋回するという決まりがあり、それを航空路図では矢印で表示します。それぞれの経路に矢印を2つずつ付けるんですが、進入経路と進入復行経路で1つずつ矢印を付け忘れていました。

「矢印1コくらい許してよ〜。逆サイドにも矢印1コ付いてるんだからいいじゃん。よく見りゃ分かるでしょ！」と一瞬思ってしまったんですが、よくよく考えるとこの航空路図を使うのは、高速で飛行する航空機のパイロットさんたち。フツーに歩いてるときにスマホに見入っちゃうだけでも危ないのに、高速で動いてる航空機のパイロットさんがそれをやると危険過ぎます。大事故につながります。だから、「よく見りゃ分かるでしょ」じゃダメなんです。「パッと見て分かりやすい」じゃなきゃダメなんです。

てことで、心を入れ替えてやり直し。

「えーと、ここに矢印を付けるのね……あ、でもここに矢印置いたらこっちの線とかぶって見にくいよな……んでもこっちは狭いからここはここで見にくくなるな……んんん〜これ、どこに付ければいいんですか？」

「ここですね、この微妙な隙間に……」

「超微妙！　めっちゃ細かいっすね〜。えーと、もうちょっとこっちに……あ、行き過ぎた。えいっとこっちに……また行き過ぎた。あーこれイライラする！」

画像をいじるのが好きでも、細かい作業は苦手な雑人間。なんとか修正が終わって、さっきと同じようにプリントアウト、そしてファイルに入れて棚へ。そして須田2曹がチェックし、やっとOKがもらえました。

「はー、こうやって作業するんですね」

「はい、これをページごとに行います」

「ページごとに！　この分厚い航空路図誌で……修正がたくさんだと大変ですね。修正ってしょっちゅう入るんですか？」

「2カ月に1度修正が入ります」

「わ、修正ってそんなにあるんですね！　でもこれ、ほんと神経使いますよね。飛行の安全がかかってるワケですし」

「最初のころは、心配で何度も何度もチェックしていました」と板垣3曹。自分の作るものが直接人の命に関わるお仕事……いやー、これは神経すり減ります。

「あと、目も疲れますね。ずっとパソコン仕事なので。無言で黙々とパソコンに向かう地道な仕事です」

「気分転換ってどうしてるんですか？」と聞くと、お昼休みにみんなで体幹トレーニングをやってるとのこと。皆さんそれぞれがパソコンに向かっているとても静か〜〜〜な部隊ですが、チームワークは完璧なようです。

ここで作っている航空路図誌は、航空自衛隊だけでなく、陸上自衛隊、海上自衛隊の航空機パイロットさんも使っています。パイロットさん一人ひとりが、安全に、確実に任務を遂行できるように……航空路図誌には、矢印1つ、線一本にもプロフェッショナルな心遣いが込められていました。

「うわこれ楽しいわ。これ好き！　これやりたい！」な業務でウッキウキのお手伝い。しかし毎日がこんな神経使いまくる細かい作業なワケで、「やっぱ無理だな。私、すぐ飽きたとか言うよな」と思い至りました

お疲れさまでした！

女性が半数を占める図誌班。心遣いが必要な業務は女性向きかもしれません。岡田にもたくさんお気遣いいただき、とても楽しいお手伝いでした！

この世は新しい発見に溢れています

飛行情報隊で行っている2つのお仕事、「ノータム中枢業務」と「飛行情報出版物の編集、校正」。このうち、今回お手伝いしたのは出版物の校正だけでしたが、もう1つのノータムもとてもお勉強になりました。いつものほほんとぽやぽや生きてる人間なもので、飛行機に乗ったことはあっても「安全に飛行するためにはいろんな情報が必要だ」なんて考えたこともなく、言われてみれば「なるほどそうだよな」とは思うんですが。

そして「安全に飛行するための情報」も、私が自力で思いつくのは「滑走路でトラブルが起きてないか」とか「台風とかヤバい天気じゃないか」くらいだったんですが、橘1尉から「火山噴火」、「花火大会」というワードを聞いて、いやーそれはマジで考えたこともなかったなぁ、と。

……という話をある陸上自衛官にしたら、「迫撃砲なんかを射撃するときもノータム申請してるよ」と言われ、「考えたこともなかったけどなるほどそうだよな」は世の中にたくさん溢れてるんだなー、これからまだまだ新しい発見があるんだろうなー、と生きることに楽しみがまた1つ増えました。

COLUMN

砂盤作り

陸上自衛隊 輸送学校 教育部訓練科

2017年9月お手伝い実施

さーて、今回の業務は……。

「砂盤作りのお手伝いです」

「砂盤」は「サバン」と読むんだそうで、サバン……サバン……えーっと、宇宙刑事？ という中年以上の人にしか伝わらない小ボケはさておき、今回お邪魔したのは東京都と埼玉県にまたがる朝霞駐屯地。の陸上自衛隊輸送学校。「砂盤教室」と書かれた部屋に入ると、おがくずが敷き詰められた2×3メートルくらいの大きな箱が2つ置いてありました。

「これが砂盤ですか？」

「はい、そうです」

お出迎えしてくれたのは、教育部訓練科の教官、板倉良樹3等陸佐。

「で……なんですかこれ？」

「では、ご説明しましょう」

砂盤とは、ひとことでいうとジオラマ。地形を立体的に再現した立体地図のようなものです。「砂盤」という言葉の通り、砂や土を使って作られるのですが、輸送学校ではおがくずを使っているとのこと。

「このおがくずって、どこかから買ってくるんですか？」

「いえ、輸送学校内の木工所で出たおがくずを利用しています」

「輸送学校内の木工所」という単語に「木工所？　何それ？　何作ってるの？　そこもお手伝い行ってみたい！」と気移りしてしまいそうになりましたが、いやいや今日は砂盤だ砂盤。

で、砂や土やおがくずで作った立体地図は何に使うのかというと、戦闘指導、戦闘予行、教育など。みんなで砂盤を囲み、立体地図の上に並べられた車両や敵兵の模型を動かしながら「○○部隊は何時にここに来てこういうことをしてね」とか、「では皆さんがここにいると仮定して、実際に無線連絡とかやってみましょう」といったような戦闘指導、戦闘予行をしたり、「こういう地形で敵がここにいたらどうする？」を考えたりする教育で使うんだそうです。戦争映画や歴史ドラマでよく見る、軍人さんや戦国武将が地面上や机上で駒を動かしながら「こう来たらこう」とやってるアレですね。

平面の地図ではなく、立体的に地形を見ることができる砂盤は「自分が実際にここにいたらどんな感じかな？」をイメージしやすく、命令や教育の理解も深まる……と、なるほど、確かにそうだなぁ。私も初めてのよく分からない場所に行くときは、地図だけじゃなくてストリートビューで確認したりするもんなぁ。あれが立体地図だったら坂道とかをイメージしやすくてもっとうれしいよなぁ。

と、砂盤がなんなのか分かったところで、早速お手伝い。現在、輸送学校には陸曹教育後期課程の学生さんたちが入校中で、今日は「行進間の警戒および自衛戦闘」という課目の教材として使う砂盤を作るとのこと。「行進間の警戒および自衛戦闘」と言われても何がなんやらですが、助教の小山吉広2等陸曹、三山拓也3等陸曹のお2人に教えてもらいながら砂盤作りスタート！

「今日作るのは、この地図の地形です」

「えーと、山と川と海と道と……あ、丘陵と台地もある。これを、おがくずを掘ったり盛ったりして作るんですね」

「はい、ではまずこちらの『X川』を作ってください」

と、手渡されたのはなかなか使い込んだ感のあるちりとり。なるほど、手で掘ったり盛ったりするより、ちりとりを使うと便利だな。考えるもんだなぁ。

で、ちりとりでおがくずを左右にえいっえいっとかき分け川作り。

「えーっと、ここで流れがくいっとこっちに変わるんですよね、で、こっちの方向に向かって……うーん、こんな感じで川に見えますか？」

「いいですね。では次は『Y川』を」

という感じで「Y川」を掘り、海を掘り、丘陵を作って山を盛って、ここに道路、んでこっちにもう1本道路、ここには橋を架けて……おー、なんかこれ天地創造だなぁ。私今神様だ。

できた大地を見て「われは神なり」な気分でご満悦の岡田ですが、砂盤のスペシャリスト・三山3曹は「この川の流れは……傾斜が……」とブツブツ言いながら細かな手直しが止まりません。ちりとりをさばく手つきも軽やかで美しく、ああ、この人が本物の神様だ。

神々しい光が放たれてきそうな三山3曹を眺めていると、「では水をまきます」と小山2曹。

「水？　……ですか？」

「この後、カラースプレーで山や川に色を付けるんですが、このままスプレーを吹き付けると風圧でおがくずが飛んでしまうんです」

「あー、なるほど。水でおがくずを固めるんですね」

いろんな工夫があるんだな～、神様たちもいろいろ考えるもんだな～と感慨深くなっていると、三山3曹が手にしたのはじょうろ。そして小山2曹の手には引き続きちりとり。「水は均等にさっとまきます。量が多いと水たまりができてしまいますから。特に最初はドバッと水が出るので、こうして……」と、三山3曹がじょうろを傾けると、最初のドバッを小山2曹がちりとりでキャッチ。均等に水が出始めたところで小山2曹がちりとりを引っ込め、三山3曹が砂盤にさーっとまき……なんだそのコンビネーションは！　砂盤の神テクニックが神過ぎる!!

「では岡田さん、どうぞ」と受け取ったじょうろ。「よし、私も神ってる水まきをしよう」と意気込んだものの、やはりというべきか水たまりができました。あーあ。

お次はカラースプレー。換気のための窓が開けられ「カラースプレーを使うと結構吸っちゃいますので……」と手渡されたのは使い捨てマスクと顔全体を覆うプラスチックのマスク。またマスクか。陸自のお手伝いはマスクが多いなぁ。

マスクを着け、「えーっと、こんな感じかな？」とスプレーをブシューするとゴボッと舞い上がるおがくず。

「近すぎです！」

「ああ、もっと離して吹き付けるんですね……」

３人でスプレーをシューシューシューシュー。すると、たちまち部屋にシンナーの臭いが立ち込め、ドタバタと部屋から逃げ出す無防備なマモル取材班と輸送学校の広報さんたち。ああ、マスクって大事なんだなぁ。

川や海を水色に染め、山には緑色のスプレーを、道路は茶色に……おお、すごい！　めっちゃきれい！

スプレーが乾くのを待ち、川や道路に「X川」、「α道」と書かれた札を置き、敵兵や車両の模型を並べると……。

「はい、完成です！」

２時間前までただのおがくずだった砂盤が、リアルな立体地図に。達成感いっぱいで砂盤を見下ろしていると、シュー、シューという音が……あ、三山３曹、まだカラースプレーやってる。

もう完成したのにすげーこだわりだなぁ。

「三山3曹、そのスプレーは？」

「ここは高い位置にある丘陵なので、平地よりも濃い緑を足しているんです」

「はーーーーーそんなことまで考えてるんですね〜」

「学生が地形をイメージしやすいように、少しでもリアルに作りたいですから」

「リアル」か……。確かに、紙の地図じゃなくてわざわざ立体地図を作るんだったら、少しでもリアルなほうがいいもんなぁ。

スプレーをかけ終わり満足げに砂盤を眺める三山3曹。すると教官の板倉3佐が「岡田さん、こちらからちょっと見てみてください」。

「この山に隠れている敵兵。この敵兵の目線から、道路を走っている車両が見えますか？」

「えーっと、あ、この車両は見えるけど、起伏があるからこっちの車両は見えませんね」

「砂盤ではこのような教育もできるんです。いつもは自分目線でしか見られないものを敵目線で見ることで、『敵だったらどう思うか』を考えることができます。どの場所でどういうことが起きたら、どんな行動をとるのか……学生が今後行う輸送任務では、どこに行っても初めての状況が起こります。行動をイメージする教育を行うことで、実際の現場でもどうすべきかを考えることができるんです。そして紙の地図ではなく、砂盤を使って地形を立体的にイメージしておくと、実際の現場でシンクロしやすいんですよ」

「こんなことが起きたらどうするか」という考え方、行動の教育で使用する砂盤。どんな教育を行うのかというニーズに合わせて、地形の傾斜の角度や道路の幅も変えるそうです。

「三山３曹、今までで一番大変だった地形ってどんなのですか？」

「断崖絶壁ですね」

「断崖絶壁……どう作ったんですか？」

「おがくずで断崖絶壁は作れないので、悩んだ結果、黒く塗って表現しました」

「ほーーー、形ではなく色で……。すごい発想ですね。でも、そうやって苦労して作っても、教育が終われば壊しちゃう……んですよね？」

「会心の出来のときは、ちょっと寂しくなりますね（笑）」

砂盤の神、三山３曹。一方、小山２曹は教育部に配置されたばかりで、今実務経験を積んでいるところなんだそうですが、「本物の山を見ていても、これを砂盤でどう作ろうか考えるようになりました」と、確実に神の域へと近づいているもよう。

私がお手伝いして作った砂盤は、この後実際に、陸曹教育後期課程の学生さんたちが使用してくださったそうです。これから陸曹となり、部隊を引っ張っていくことになる学生さんたち。今後、彼らを待ち受けている任務には、多くの困難があり、迅速な判断が迫られることもあると思います。でも、そんなときにこの砂盤を使った教育が、きっと彼らの助けとなるはずです。

これからの輸送任務を担う学生さんたちが、安全・無事に確実な活動ができるように……私も、ほんの少しだけでもそのお役に立てたのかな。

砂盤の道を走る小さな輸送車両の中に、彼らの未来の姿を思い浮かべながら、輸送学校を後にしました。

「この道は片側2車線」とか、道幅まで細かな指定があります。片側2車線の道路を作ろうと思ったらどれだけの大工事が必要か……それをちりとり1つでやりのけてしまう天地創造の神・岡田

できました！

砂盤完成！　自衛隊の人材育成は、こんなサポート業務があって成り立ってるんですね〜。教育部訓練科の皆さま、ありがとうございました！

自衛隊さんはお勉強が大好きです

今回お邪魔したのは、陸上自衛隊の輸送学校。第1回のお手伝いで「輸送科」のお話をしましたが、その輸送科の隊員を教育するための学校です。作った砂盤は「陸曹教育後期課程」というものに入校中の学生さんの教育で使われましたが、こちらの「陸曹教育後期課程」をちょこっと解説。

まず、8ページの階級表をご覧ください。左端の上から4番目に「曹」という文字がありますよね。階級が曹長、1曹、2曹、3曹の陸上自衛官を「陸曹」、そして海上自衛官、航空自衛官も同じく「海曹」、「空曹」といいます。

2士から1士、そして士長へは時期がくれば階級が上がるんですが、士長から3曹になるには試験に合格し、専門の教育を受けなければなりません。3曹になれば、より深い専門知識や技能が求められ、またグループのリーダーとして部下を引っ張っていく役目も持つようになるので、そのためのお勉強が必要だからです。

陸自の場合、その教育期間は約6カ月間で、前半3カ月の「前期課程」、後半3カ月の「後期

COLUMN

課程」に分かれます。前期課程はすべての職種共通の教育で、後期課程は職種ごとに専門の教育が行われます。で、今回は、輸送科職種の隊員が陸曹になるための後期教育、つまり輸送学校に入校中の「陸曹教育後期課程」の学生さんのために砂盤を作りました。

自衛隊のお仕事では、それぞれの職種・職域ごとに専門の知識や技能が必要で、また階級や役割に見合った知識・技能も身につけなければなりません。なので、自衛隊にはその教育をする学校がたくさんあります。陸自には今回の「輸送学校」のように、武器科職種のための「武器学校」、施設科職種のための「施設学校」、通信科職種のための「通信学校」なんかもありますし、海自・空自には第2回で登場した「術科学校」が職域ごとにあります。また、幹部を教育するための「幹部学校」、そして第1回でお話しした「体育学校」も。

自衛官は、階級や役割が変わるごとに教育を受けなければならないので、しょっちゅう入校しています。大人になってもお勉強しっぱなしなので、「俺、勉強が嫌いだから自衛隊に入ったのに……学生のころより今のほうが勉強してるよ……」というグチは自衛官のあるあるネタです。

曳船《えいせん》での入港支援

海上自衛隊 横須賀警備隊 港務隊

2017年10月お手伝い実施

「揺れる……気持ち悪い……マジ吐きそう……やっべーカツ丼なんて食うんじゃなかった……」と、いつもと違って今日のハイライトから始まりましたが、今回は船に乗って始終青い顔でのお手伝いでした。

お邪魔したのは、神奈川県・海上自衛隊横須賀基地の港務隊。「油船《あぶらふね》」で艦艇に燃料を運んだり、「交通船」で隊員や物資を運んだりする部隊です。

海上自衛隊の〝フネ〟には、護衛艦などの「艦」、ミサイル艇などの「艇」、油船などの「船」があります。ざっくり、艦＝でっかい、艇＝中くらい、船＝小っちゃい、と覚えてください。乱暴な説明ですが、この知識で日常生活はやっていけます。港務隊はこのうちの〝小っちゃい船〟でいろんな艦艇を支援しています。

で、今回私がお手伝いしたのは「曳船」でのお仕事。友人から「今日は何の取材？」とメールがきて「曳船」と答えると「東武線？」と返ってきましたが、駅名の「ひきふね」ではなく「え

いせん」という船の名前です。

曳船は英語でいうと「タグボート」。この名前を聞くと、ピンとくる方もいらっしゃるかもしれません。あまり小回りが利かないでっかい艦が港へ出入りするとき、小っちゃくて小回りの利く曳船が押したり引いたりして艦を動かします。今回、私はこの曳船に乗り込み、護衛艦『いずも』の入港支援をお手伝いしてきました。

お邪魔した日はあいにくの雨。曳船がつながれている桟橋へ行くと、海は荒れ模様で桟橋もぐわんぐわん揺れています。桟橋ですでに気持ち悪いです。曳船に乗ろうとすると、桟橋との隙間がそこそこ広く……え、ここ飛び移るの？　私、この隙間に落ちる自信あるんですけど……えーい！　と勇気を出して無事飛び乗れたものの、恐怖で気持ち悪さ増加。ぐぐっぐぐっと上下に揺れる船内の階段は急で、転ばないように足元を凝視しながら降りているとさらに気持ち悪さが胸をえぐってきて……あ、今さらですが私はかなり乗り物酔いするタイプです。決して二日酔いなワケではありません。

まだ出港してもないのに船酔いと戦っていると、「では、この救命胴衣とヘルメットを使ってください」と乗員の松下守3等海曹。カッパを着込んで救命胴衣、ヘルメットを着けて船橋《せんきょう》（操船する部屋。フナバシ駅ではありません）へ行くと、「外から船橋へ入るときはカッパを脱いでくださいね！　窓が曇るから！」とおなかの底に響く大きな声が。58歳、曳船歴20年の大ベテラン、船長の勝山真二准海尉です。引き締まった細身の体が揺れる船に刺さってるかのように微動だにせずビシィッと伸びていて、「ああ、紛うことなき海の男だなぁ」と船酔いでどよ〜っとした気持ちが少し爽やかになりました。

「では、出港準備をします」。松下3曹にうながされて再び桟橋へ降りると、「船長の指示でもやいを外してください」。

係留されている艦艇・船は、岸壁や桟橋にあるくいっと曲がった杭（石原裕次郎が海を眺めるときに片足を掛けるところ）にロープでつながれているのですが、出港するにはこのロープを外さなければなりません。曳船の場合は船首、船首のちょっと後ろ、船尾の3カ所に1本ずつのロープがあり、風向きによって外す順番があるとのこと。その指示をするため、船長が船橋から出てきて何やら手で合図をしました。

「最初に船尾のもやいを外して甲板に投げてください」

船長の合図を解読した松下3曹。「あの船長だったら、手で合図しなくても声で十分届きそうな……」といらんことを考えながら船尾のロープを外し、えいっと甲板に向かって投げたら海へドボン。

「海水に浸けちゃダメです！」

ですよね……そんな気はしてたんですよ……草野球やってるから投げる動作には自信あるんですけど、雨水吸ったロープが予想外の重さでですね……と口の中でごにょごにょ言い訳をしながら、次は船首のロープ。2球目は甲板にストレートど真ん中のストライクが決まりました。

曳船はゆっくりと桟橋を離れます。しかし出港作業はまだ終わらず、ロープをきれいに巻き巻き。そして船をぐるりと1周し、各ドアに6個ずつ付いているロックが全てきっちりと掛かっているか手で閉めながらチェック。全てのドアのチェックが終わると、やっとカッパを脱いで船橋に入れました。ああ、暖かい。

船橋では、船長が相変わらずビシィッな立ち姿でくいっくいっと操縦レバーを動かしています。スピードが出ると揺れは少し落ち着き、気持ち悪さも和らいで「船長、海の男な背中だなぁ。かっこいいなぁ」とボケーッとしてたら「岡田さん、次は見張りです」と双眼鏡を差し出す松下3曹。「漁船など、何か見えたら報告してください」。

なるほど、事故が起きちゃ大変だもんな、えーっと双眼鏡を……わーなにこれ！　遠くがめっちゃはっきり見える！　すげー！　あの船に書いてある数字、肉眼じゃ見えないけど双眼鏡だとはっきり読める！　あの数字、183って……あ、あれ『いずも』だ!!

私たちが入港支援をする『いずも』。洋上の『いずも』がだんだんだんだん近づいてきます。すると、左側を走っていた別の曳船がすーっと前を横切りました。

「今日は、3隻の曳船が『いずも』の入港支援をします。私たちの船は『いずも』の前部につき、ほかの2隻が中部、後部。今進路を譲ったのは、中部につく曳船です」

「では、そろそろ行きましょう」。松下3曹について船首へ向かうと『いずも』はもう、すぐ目の前に……で、でけぇ〜〜〜〜！

これまでも『いずも』は港に停泊してるのを岸壁から間近に見たことがあり、乗艦させてもらったこともあるんですが、海の上の小さな船から見上げるとものすごいデカさです。デデーンとものすごい重圧感です。これ……こんなデカいのを、たった3隻の曳船で動かすんだ……こんな小さな船で……。

スピードを落とし少しずつ『いずも』に近づく曳船。荒れた海で波ざっぱーんの中、船長の熟練の操船技術でギリぶつからない位置で寸止め。揺れる曳船から『いずも』を見上げると、外板にある「索導《さくどう》」という小さな穴から『いずも』の乗員さんの顔が現れ、ロープが投げられました。ロープを受け取り、曳船のロープに素早く結ぶ松下3曹。タイミングを見計らって、『いずも』の乗員さんがロープをしゅるしゅると引き、合図を送ります。

「離れてください！」

曳船では船首にある「揚索機《ようさくき》」というマシンでロープがガガガッと巻き取られ、ロープがピンと張られました。曳船には船首の外側に緩衝材のタイヤが数個付けられているんですが、このタイヤを挟んで『いずも』と曳船がピタッと密着。

曳船3隻は『いずも』の左側にくっついています。大きなお母さん魚の頭、おなか、しっぽに、小さな赤ちゃん魚がパクッと食いついている感じです。このままの状態で、港へ進みます。

「今、『いずも』が前進し、曳船は横にカニ歩きのように進んでいます。これはとても技術のいる操船なんですよ」

「へー、曳船は『いずも』に引っ張られてるんじゃなくて、曳船自体も真横に進んでるんですね」

船橋に戻り、松下3曹がいろいろと説明をしてくれるんですが、悪天候で波が高い上にでっかい『いずも』が進んで生まれる波、さらにこちらの曳船は横向きに進んでいろんな波をバッシャンバッシャン船全体でまともに受けてその揺れっぷりったらもう……気持ち悪ぃぃぃぃぃ。

「すみません、外に出ていいですか……」

寒い甲板より暖かい船橋にいたいのはやまやまですが、もうそれどころじゃない泥酔。甲板をふらふら歩いてると、松下3曹が「岡田さん、海に落ちないでくださいね！ 岡田さんが落ちたら僕クビですから！」。マモル取材班の海上自衛官も「僕もクビですよ！」と悲痛な叫びをもらし、「ほー、私が今海に飛び込んだら2人の人生を狂わせられるのかー」と酔いどれた脳ミソでしばし雨に打たれていると、『いずも』with3曳船は港へ。酔いも落ち着いて「いや、私だって海に落ちるのは勘弁だわ！」と思考回路もはっきりし、再び船橋へ。船橋は、船長の声と無線だけが静かに響く、ピンとした緊張感に包まれていました。

「前部、押し方用意」。『いずも』の無線からの指示に、「前部、押し方用意」と復唱する船長。「中部、押し方用意」の無線には、隣の曳船が「中部、押し方用意」と無線で応じます。

「前部、微速で押せ」、「前部、停止」、「前部、最微速で押せ」、「前部、半速で引け」。微速に最微速に半速、で、押したり引いたり……『いずも』からの指示はとっても細かいです。この細かい微調整で、3隻の小さな曳船がでっかい『いずも』を操り、岸壁にピタッと着けます。

『いずも』から指示が入るたび、ピクッと動く船長の左腕の筋肉を見つめていると、『いずも』からロープが降りました。行きましょう」と松下3曹。

『いずも』の船首からするすると降りてきたのは、岸壁とつなぐためのロープ。曳船が桟橋から離れるときに、私が海へドボンしてしまったアレと同じものです。これが降りてきたのは、そろそろ入港が完了するということ。

松下3曹と船首へ行くと、突如「パァアアアアン！」とでっかい汽笛が鳴り、あーびっくりした。「ロープを離せ」の合図なのかな。

『いずも』と曳船をつなげていたロープが解かれ、揚索機で巻き取り。すると、さささーーーーっと『いずも』から離れる曳船。曳船はどんどん『いずも』から遠ざかっていきます。『いずも』バイバイ。航海お疲れさまでした！

ひと仕事終えた船長。「曳船の操船装置はほかの船にはない細かい調整ができるんです。この曳船を動かして、艦に安全に横付けをする――これが私のやりがいです」。船長の目は少年のようにキラキラしていて、「船長は、海だけじゃなくて曳船も大好きなんだな」がヒシヒシと伝わってきて、私も曳船が大好きになりました。まだ少し気持ち悪いですが……。

出港後、桟橋と曳船をつないでいたロープを巻き巻き。水を吸ったロープはとても重く、この作業も結構腰にきます。まあ、このロープがとても重いのは私が海にドボンしたからで完全な自業自得なんですが

お疲れさまでした！

曳船クルーの（右から）勝山准尉、土屋2曹、そして松下3曹、佐藤1曹、櫻井1士。岸壁に並んだでっかい艦は、彼ら海の男たちの仕事の証しです！

『いずも』でか過ぎ問題

曳船で引っ張った護衛艦『いずも』。海上自衛隊で一番大きな護衛艦で、長さ２４８メートル、幅38メートルの広々とした甲板にはヘリコプターが並んでいます。最大で9機のヘリコプターを搭載できて、正確には「ヘリコプター搭載護衛艦」という種類です。妹に同じ型の護衛艦『かが』がいます。

本文に出てきた「１８３」という数字は、『いずも』の艦番号。第3回のお手伝いでは機体番号０３０のC-1輸送機が登場しましたが、これと同じく車のナンバープレートのような艦艇の固有番号で、艦首の横に書かれています。

小さな曳船から見上げた『いずも』は本当に大きくて、その大きさをお伝えするために曳船に乗っている私と『いずも』が一緒に写った写真をカメラマンさんに撮ってもらったんですが、あまりにでかすぎるのでただの壁にしか見えずボツとなりました。

COLUMN

制動傘の折り畳み

航空自衛隊 第7航空団 整備補給群 修理隊

2017年11月お手伝い実施

「今日のお手伝いはなんですか？」

「F-4戦闘機の制動傘《せいどうさん》を畳みます」

「なんですかそれ？」

「F-4が着陸するときに開くドラッグシュートです。知りませんか？」

「知らん」

と、「知らない業務を手伝う」事実に動じることすらなくなった連載9回目。今回お邪魔したのは、茨城県にある航空自衛隊・百里基地。の第7航空団整備補給群修理隊。「制動傘整備室」に入ると、工作小隊救命装備分隊の大倉勇人2等空曹、森山大輝空士長、伊藤彬空士長がお出迎えしてくれました。

まず目に入ったのは、山積みになっている白とオレンジのシャカシャカした布の塊。そして、でっかいテーブルを6個並べた作業台×3列。

「えーと、これは……？」

「使い終わった制動傘です。これをこの作業台で畳みます」

「で、その制動傘？　ってなんですか？」

ということで、入隊6年目の森山士長がレクチャーしてくれました。

戦闘機は着陸時のスピードが速いので、ホイールについているブレーキだけで止まろうとするとこのブレーキに大きな負担がかかります。そこで、着陸するときはこのブレーキと「空気抵抗」を利用します。

戦闘機の種類によっては、着陸時、機体の頭を持ち上げてウィリーのような体勢を取り、機体全体で空気抵抗を受けながら減速するものもありますが、F-4はある物を使います。それは、傘。

F-4の機体のおしりには制動傘、別名「ドラッグシュート」が積まれています。着陸時には制動傘をパラシュートのように開き、傘が受ける空気抵抗を利用して減速します。

着陸後、使った制動傘は滑走路の端っこで戦闘機から外されます。その後「乾燥塔」につるして乾かし、制動傘整備室で折り畳んでまた戦闘機へ。制動傘が濡れたままだと、上空で凍って傘が張り付き開かない恐れがあるため、ちゃんと乾かしてから畳むとのこと。

「百里基地にはF-4の部隊があり、こちらの制動傘整備室ではその制動傘を畳む作業をしているんです」

「……ってことは、F-4が着陸するたんび、毎回毎回制動傘を畳んでるんですか？」

「向かい風が強いときなど、まれに制動傘を使わずに着陸することもありますが、基本的には制動傘を使って着陸するのでほぼ毎回、ですね」

「任務や訓練によっては一日に何度も着陸したりしますよね？　んで一度に着陸するのも1機だけじゃなくて2機とか3機とかだったりするんでしょ？　そのたんび傘を開いて、開けば畳んで……うわー超面倒くせぇ！」

自慢にもなりませんが、私はかなりの面倒くさがり屋です。折り畳み傘ですら「雨降りだしたけど畳むの面倒だから濡れて帰ろう」というレベルの面倒くさがり屋です。人から「折り畳み傘貸して」と頼まれて畳まれずに返却されたらブチ切れる自信があります。「F-4が着陸したらその都度畳んでね」なんて言われたら「テメーでやれよF-4!!」と思ってしまいますが……まあ、戦闘機の運用は分業ですもんね。折り畳み傘は個人で使うものですが、戦闘機は操縦、整備、傘の畳みなどなど分業でそれぞれに担当があって……って頭では分かってても面倒くせぇ！

といくら面倒くさがっても、使うなら畳まなければなりません。制動傘を使わずに、ホイールについているブレーキだけで無理やり止まったら、このブレーキやタイヤの寿命が短くなったり、場合によってはタイヤがパンクしてしまうこともあるそうで、さらには「着陸時だけでなく、飛行中に操縦不能になったときは制動傘を開いて体勢を立て直します」なんて人命に関わることを聞いちゃったら……やるしかないな。うん。

というわけで早速、いや「早速」というには程遠いうだうだ加減ですがお手伝い開始。伊藤士長が作業台に制動傘を広げていくと……でかっ！

「こんなでかいんですね～」

「パラシュートの部分の『傘体《さんたい》』は全長約15メートルです。傘体は20枚の布からできているんですが、まずこうやって1枚ずつ広げて破れなど異常がないかチェックして……」

「わ、なんかすごい臭いしません？」

「ガスの臭いです。機体の後ろで開く制動傘は、排気口から出たガスが思いっきり掛かるので。この臭いで結構体力を消耗しますね」

「このガス、臭いだけじゃなくてのどに来ますね」

「では左手でここを持ってください。そしてこうして畳みながら右手に持ち替えて……」

「なるほど、2枚ずつ重ねて蛇腹に畳んでいくのか……えーと生地がけっこう滑るんですけど……ほらズレた。てか重いわこれ！　腕だっる!!」

「がんばってください！」

「……こんな感じでどうでしょう。きれいに畳めたとはお世辞にも……ですが」

「では、これをバッグに収納します」

傘体は、約65×15センチメートルのバッグにベルトでつながっています。バッグを広げて固定し、畳んだ傘体を押し込みながら収納。

「……全部入りませんが」

「入るように作られてます」

「了解」

傘体をなんとか押し込むと、次は傘体の布1枚ずつそれぞれに付いた、傘が膨らむときに引っ張っているひもの収納。約5メートルのひも20本を絡まないように束ねて、バッグの幅に合わせて折り返してバッグのカバーに面ファスナーで留め、また折り返して面ファスナーで留め、また折り返して面ファスナーで留め、また折り返して……。

「飽きた」

「がんばってください‼」

ひもの次は、ひもと戦闘機をつなぐ長いベルトをまた折り返し折り返し収納。最後にバッグのカバーを掛け、糸で結びます。

「糸の結び方はこうやって……と。よし、終わったー！」

「いえ、まだです」

「ええ⁉」

制動傘のメイン、大きく開くパラシュートはさっき一生懸命畳んだ傘体ですが、もひとつ「誘導傘」という小さな傘があります。制動傘はバッグごと戦闘機のおしりに入れてふたを閉めるんですが、使うときはコックピットの操作でこのふたをパカッと開き、するとまず出てくるのが小さな誘導傘。誘導傘にはバネが付いていて、ふたが開くとこのバネの勢いで誘導傘がパッと開きます。誘導傘が開いて空気を受けると、その力でバッグのカバーを閉めた糸が切れて、バッグの中身がしゅるしゅると引き出され、メインの傘体が開く……という仕組み。ので、傘体やひも、ベルトの収納で終わりではなく、誘導傘もセットしなきゃなんです。

「誘導傘はバッグの上に畳みます。そして上からバネを押さえ付けて、この4枚の布で包み、ピンで留めます」

「……んんんんん？」

で、実際に誘導傘セットに挑戦……と、これが難易度激高。バネを押さえ付ければ強力なバネの力に押し返され、無理に押さえ付けるとバッグが倒れて台無し、ああ最初からやり直しだ……とまた誘導傘を畳んでバネを両手でしっかり押さえ付けたら、あれ、このバネに両手使ったら布で包めないじゃん、とバネを片手で持ち替えたらバネがバイーンでまたバッグが倒れてやり直し、今度こそ……とうまく片手でバネを押さえて布で包んだらピンを刺すときにまたバイーンで倒れてやり直し。これ、永久にできる気がしないんですけど……。

何度も何度も同じことを失敗してやり直して、を繰り返し、な岡田を取り囲む大倉2曹、森山士長、伊藤士長。そして百里基地広報さんたちにマモル取材班。これはもう連載9回目にして初のギブアップ宣言しちゃおうかな……と時計を見れば課業終了間近で、ってことは私がギブアップ宣言しなくてもそろそろ誰かが止めてくれるんじゃねーかなーと「これ無理かもしれませんね～取材時間あとどのくらいですか？」とか言いながら取り囲んでいる皆さんの顔色をちらっとうかがったら全員「いいからやれよ」な表情で、よーし分かった。できるまでやってやろうじゃねえの。

誘導傘を畳み、バネを押さえ、布で包み、ピンを刺……あーまたバイーンで倒れた、もう1回。誘導傘を畳み、バネを押さえ、布で包み、ピンを刺……刺さった！　できたああああ!!

「おー！」

見守ってくださっていた皆さんから大きな拍手が湧き起こり、「ありがとうございます！」と汗びっしょりで達成感に浸っていると、大倉2曹が「岡田さん、申し訳ありませんがこのままでは戦闘機に積めないのでこちらで畳み直します」。

ええ、そうですよね……こんな雑な畳みじゃそうなりますよね……ちゃんと傘が開かなくて事故とか起きたらどえらいことですもんね……。

傘を畳んで収納する。言葉にしてしまえばたったそれだけのことなのに、ガス臭いわ力仕事だわ細かなテクニックが満載だわ忍耐力を求められるわ、そしてなにより「ちゃんとやらなきゃ人命に関わる」というプレッシャー。F-4が着陸するたびに、裏でこんな地道なことが行われていたとは。

「傘が開いたら『うわーあれまた畳まなきゃだ！』とか思っちゃいません？」と森山士長に聞くと、「いえ、開いたらうれしいですよ。初めて畳んだときはちゃんと開くか不安でしたが、F-4が降りてきてパッと開いた傘を見たときはとてもうれしかったです」。そうか……。機体や安全のために畳んでるんだから、「傘がちゃんと開く」という結果はうれしいことなのか。

私が必死の形相で畳んでいる間にも、滑走路にはF-4が次々と着陸し、使い終わった制動傘が運ばれてきました。この傘たちも、これからきれいに畳まれてF-4へ積まれます。そしてまた滑走路に、オレンジと白の花をパッと咲かせます。救命装備分隊が手塩に掛けた、刹那に舞うきれいな花を。

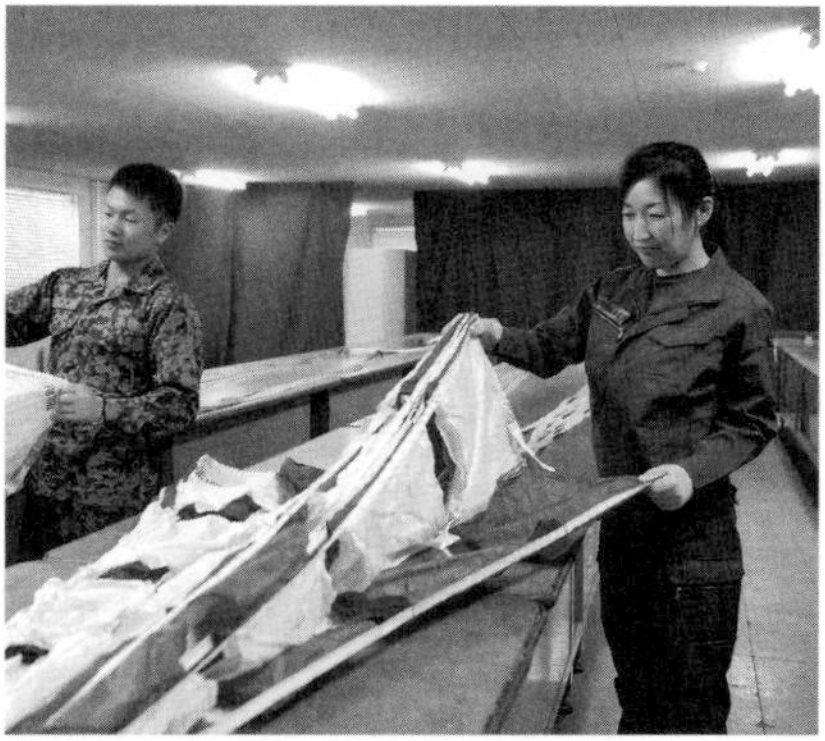

傘体の布は2枚ずつパタンパタンと畳んでいきます。シャカシャカ滑る生地なので束ねて持つにもなかなかの握力が。自分なりに一生懸命きれいに畳んだんですが、お隣の伊藤士長と比べるとその差は歴然

お疲れさまでした！

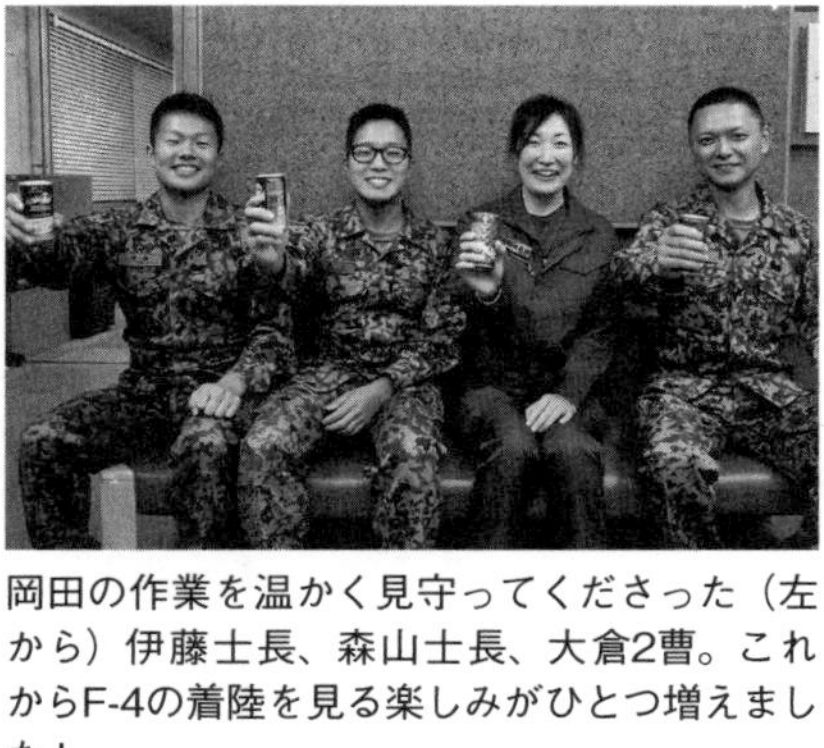

岡田の作業を温かく見守ってくださった（左から）伊藤士長、森山士長、大倉2曹。これからF-4の着陸を見る楽しみがひとつ増えました！

F-4、すげー昔から飛んでます

友人に戦闘機オタクのおっさんがいるんですが、このおっさんには自衛隊の話を根掘り葉掘りしょっちゅう聞かれます。

「いいなー自衛隊取材。最近はどんなとこ行ったの？」

「えーとね、百里基地の滑走路にあるこんな設備の取材で……」

「うわあああああああ超うらやましいんだけど‼　戦闘機の離着陸とか見た？」

「見たどころじゃないよ。ずっとタッチアンドゴーやってて、その間は滑走路に入れないから滑走路脇の車ん中でずっと待機してて……」

「えええええええええ⁉　滑走路脇でタッチアンドゴー見たの⁉　何回も⁉　うらやまし過ぎて吐きそうなんだけど‼」

「ごめん、その価値が分からない……。超うるさいから耳ふさいで寝てた」

「なんで見ねえんだよおおおおおもったいねーなーバチ当たれ！」

「なんのバチだよ当たんねーよ」

COLUMN

「で、どの戦闘機だったの？　百里だからF-4？」

「知らない。見ても分かんないし」

「分かれよ！　自衛隊ライターのくせに！」

「いや取材するときは聞けばいいし。F-2もF-4もF-15も全然見分けつかないわ」

「はあああああなんで分かんねーの？　まったく違うじゃん！」

私はこんなお仕事をしていますが自衛隊の戦闘機とか戦車とかにまったく興味がなく見分けもつかず、というよりそういうメカ的なものにそもそも興味がなく、フツーの車もどれがかっこいいとかサッパリ分からない人間です。ベンツもトヨタもエンブレム隠されたらどっちがどっちか分かりません。軽トラくらいの特徴があれば、「これは軽トラですね」と見分けられますが。

ちなみに「タッチアンドゴー」とは、上空から飛んできて滑走路に着地したかと思えばすぐ離陸、というもの。戦闘機を操る技術を身に付けるために行っている訓練で……と、こういう知識を持っているから詳しそうに見られるんですが、取材で聞いたからたまたま知ってるだけです。

現在、航空自衛隊にはF-2、F-4、F-15、F-35という4種類の戦闘機があります。そのうち最も古いのが、今回制動傘を畳んだF-4、通称「ファントム」。

戦闘機オタクのおっさんに、「自衛隊ライターならこれは必ず読め！」と、F-4のパイロットが主人公の『ファントム無頼』というマンガを押し付けられ、めんどくせーなーと思いつつ読んでみたら絵柄も話の内容もすごく昔で、調べたら１９７８～84年に連載されてたマンガとのこと。

F-4がどれだけ昔から大事に受け継がれているのかをマンガの古さから実感しました。

長年飛び続けてきたF-4。2020年夏現在、航空自衛隊に残っているF-4は数機のみとなりました。この数機も、今年度中に姿を消す予定だそうで……F-4、長い間本当にお疲れさまでした。「制動傘」の存在すら知らなかった私のことも、長い間守り続けてくれて本当にありがとうございました。

ちなみに戦闘機オタクのおっさんに、「F-4の制動傘畳んだ」と言ったらすごい形相でにらまれました。あとで聞くと、あまりのうらやましさに首を絞めたくなって必死でこらえていたそうです。百里基地広報さん、こういうおっさん相手に「制動傘畳むイベントやりまーす！ 1回5万円！」とかやったらぼろ儲けできると思うんですがいかがでしょうか。まあ無理ですよね。

馬の装蹄《そうてい》

自衛隊体育学校　近代五種班

2017年11月お手伝い実施

「岡田の手も借りたい！」記念すべき10回目のお手伝いは……お馬さん！　もちろん岡田がお手伝いに行くからには自衛隊です。自衛隊にいる、お馬さんです。

　なんで自衛隊にお馬さんがいるのか。その答えは、東京都と埼玉県にまたがる朝霞駐屯地の「自衛隊体育学校」にあります。こちらは、陸・海・空各自衛隊共同の機関で、自衛官に不可欠な体育を調査・研究し、その指導者を育成する学校。オリンピックなどの国際的な大会で活躍するアスリートの育成も行っています。

　マモルでも現在、２０２０年の東京五輪を目指すレスリング、柔道、ボクシング、陸上、水泳などの選手を「自衛隊アスリート名鑑」で紹介していますが、中でも岡田的にイチ推しな競技が「近代五種」。近代五種は日本ではあまりなじみがなく、私も予備自衛官の友人が以前体育学校で近代五種の選手をやってたから身近に感じてるものの、以前は「何それ？」でした。が、ヨーロッパではとても人気の競技。馬術、水泳、フェンシング、レーザーラン（射撃＋ラン）の5種目

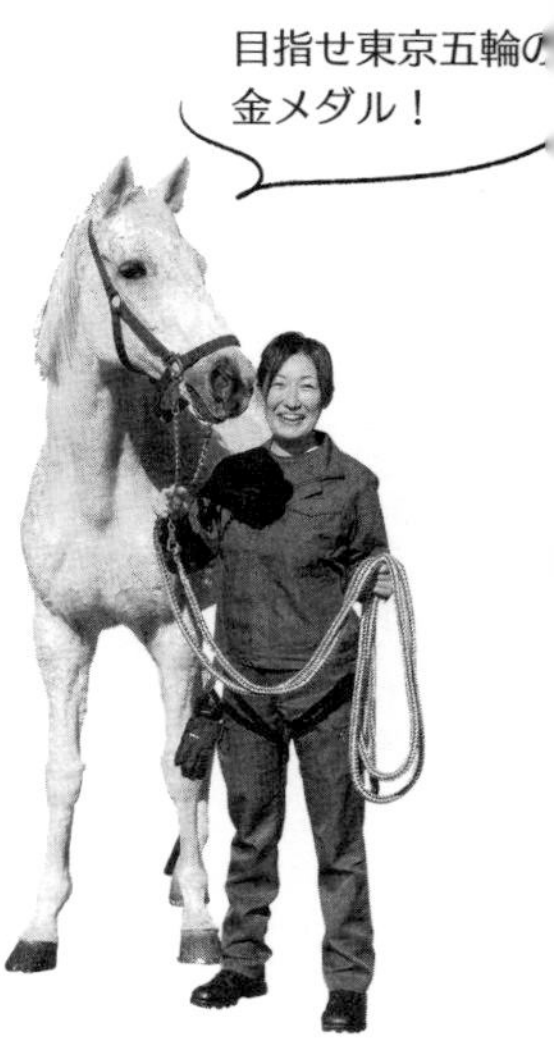

をこなすハードさから「キング・オブ・スポーツ」、そして選手は「スーパー・アスリート」と呼ばれています。

とはいえ、日本では競技人口が少ない近代五種。水泳、ランニングはまだしも、馬術、フェンシング、射撃ができる環境は限られてますし、さらに「どれか1つ」ではなく「これ全部」となるとそんな環境はなかなかありません。そんな中、体育学校には「これ全部」ができる環境が整えられているんです。ということで、皆さん「なんで自衛隊にお馬さんがいるのか」はもうお分かりですね。近代五種の馬術のために、自衛隊にお馬さんがいるんです。

体育学校の馬場に行くと、7頭のお馬さんたちが選手を乗せて障害を飛び越えていました。選手とお馬さんとの息が合わないのか、障害で落馬する選手も……いやこれ怖いわ。

今ここで練習中なのは、近代五種を始めて間もない選手たちとのこと。体育学校では「走れる水泳選手」が近代五種に転向し、体育学校に入校してから馬術、フェンシング、射撃を始めるというケースが多く、「体育学校で初めて馬に乗った」という選手がほとんどだそうです。

「ちょっと速いよ！　はい、1、2、3！」

選手たちにリズム良く声を掛けているのは、馬術コーチの城竜也陸曹長と竹下国保2等陸曹。お2人とも元・近代五種選手で、引退後は普通科部隊で勤務し、コーチとして体育学校に戻られたとのこと。今日私はお2人のお仕事をお手伝いするそうなんですが、えーっと、コーチのお手伝い？　私お馬さんに乗れませんけど？　どころか今お馬さんのデカさにかなりビビって腰引けてますけど？

練習を終え、選手にシャンプーをしてもらうお馬さんたち。おめめがトローンとして気持ち良さそうだなぁ、今なら怖くないかなぁ、仲良くできるかなぁ、と優しそうな白いお馬さんとにらめっこしていると、「この子はファンキーという名前です」と城曹長が紹介してくれました。19歳のサラブレッド、ファンキーくん。以前は「テイエムファンキー」という名前で競馬場を走ってたそうです。

「今日、岡田さんにはファンキーの装蹄をお手伝いしていただきます」

「ソウテイ？」

「これです」

と、城曹長がファンキーくんの足を持ち上げると、ひづめの裏にU字形の鉄が。ああ、お馬さんが歩くときにカッチャカッチャ音がするのはこれなのね。

「蹄鉄《ていてつ》はひづめを守るためのものです。馬のひづめは心臓の次に大事で、その状態が良ければ長生きするといわれています。1カ月で約1センチメートル伸びるので、月に一度切って新しい蹄鉄を付ける装蹄をします」

で、早速お手伝い。といきたいところですが、今日はいつも以上に何をしていいのかサッパリです。とりあえず竹下2曹の背後から装蹄作業を眺めます。

「まず、今付けてる蹄鉄を外します」

と、ファンキーくんの隣にしゃがんで膝の上に右前足を乗せた竹下2曹。デカいマイナスドライバーのような物を蹄鉄とひづめの間に差し込み、トンカチでトントン。ひづめに刺さっていた釘が抜け、蹄鉄が取れます。

「へー、馬の足の裏ってこんななんだ」

「そして伸びたひづめを、専用の爪切りで神経が通っている寸前の位置まで切ります」

「どれが神経だ……サッパリ分からん」

「岡田さん、やってみます？」

「いや、これ私がやったら神経を傷つけてファンキーくんがかわいそうです」（心の声→嫌だめっちゃ怖い）

「次は鎌で削って、やすりで研いで平らに……」

「すべての道具がデカい」

「あ、岡田さん、ファンキーが急に動いたら手で押し返してくださいね。馬と柱の間に挟まれると500キログラムの体重につぶされますから」

「えええええええ」

「大丈夫ですよ。手で押し返せば止まるように調教してますから」

とってもおとなしいファンキーくん。しかし馬の血を吸うハエに刺され、痛みで急に動くことがあるそうです。へー、ハエってお馬さんを刺すんだ……と思ってたらハエを追い払うためにフアンキーくんがシッポをブン！　が後頭部にバシッとヒット。うおー超痛ってぇ……お馬さんのシッポってこんなパンチが効いてるのねぇ……。

次は新しく付ける蹄鉄作り。新品の蹄鉄を窯で焼き、さっき外した蹄鉄と形を合わせながら真っ赤な鉄をトンカントンカン、また焼いてトンカントンカン……。

「こんな微調整もするんですか？」

「形が合わないと、合わない靴を履いてる感じになるんです。蹄鉄が大きかったら別の足で踏んで外れてしまったり」

「なるほど。お馬さんのお世話に、こんな刀鍛冶みたいな技術がいるんですね〜」

「やります？」

「いいえ、私がやったら蹄鉄を無駄にしてしまいますから」（心の声→火傷するわこんなもん！）

刀鍛冶的トンカンが終われば、次は焼き付け。真っ赤に焼いた蹄鉄をファンキーくんのひづめの裏に押し当てじゅううううう〜、うおー超くせぇ……ってかファンキーくん熱くないの？　いや、平気そうだな。ひづめだから熱くないのか。

このじゅううで蹄鉄とひづめがちゃんとくっついているかをチェックすると、今度は金属加工用のグラインダーが登場。蹄鉄の外側の角ばったところをギュイイイインと削って丸くし、踏んだときに外れないようにするんだそうです。装蹄って、お馬さんに蹄鉄を付ける作業ってより、蹄鉄を作る作業がほとんどなんだなぁ。動物相手なのに町工場みたいだ。

これで蹄鉄は完成。あとは専用の釘でひづめに固定し、装蹄完了……ってあれ、私なにもお手伝いしてないや。

「あともうひとつ。蹄油《ていゆ》を塗ります」

「ていゆ？　ってなんですか？」

「ひづめを保護するマニキュアのようなものです」

「あーそれ私にもできそう！　私やりたいです！」

で、やっと岡田の出番。大きなハケで蹄油をファンキーくんのひづめに塗り塗り。おそるおそるファンキーくんの足をなでなでしながら塗り塗りすると、足の筋肉がピクッ、ピクッと動いて、あれ、くすぐったいのかな？

蹄油でツヤッツヤになったひづめ。いやー今日はすげーお手伝いしたな～。ひづめを守る蹄油を塗ったんだもんな～、心臓の次に大事なひづめを守る蹄油だもんな～、いやー私大貢献だ。

ニュー蹄鉄で厩舎《きゅうしゃ》に入るファンキーくん。私もついて行くと……あれ？　何ここ？　全然くさくない！

「動物のいるとこってくさいものなのに、全然臭いませんね」

「ここはどの厩舎よりきれいですね。選手の掃除が行き届いていますから」

「うーん、さすが自衛官。靴から車両から隊舎からピカピカに磨く自衛隊精神はお馬さんにも厩舎にも生かされてるのか」

走って泳いで撃って突いて、そしてお馬さんのお世話まで。近代五種って本当にいろんな面でハードでおもしろい競技だなあ。

「近代五種の馬術、水泳、フェンシング、射撃、ランニングのうち、一番緊張するのは馬術なんです。ほかの競技は自分の実力でいけますが、大会で乗る馬は抽選で決まるので」

「抽選!?『ファンキーくんと気が合うから乗りたい』とかできないんですか?」

「乗るのは大会が用意した馬で、開始20分前に抽選で決まるんです」

「しかも20分前!?」

「馬の基本的な扱い方は万国共通ですが、馬はそれぞれ能力も個性もバラバラです。20分でどんな馬なのかを把握し、個々の能力を高めなければならず、緊張が高まります。だから選手が緊張しないように、自信を持てるトレーニングを心掛けているんです。そのために、体育学校にもいろんなクセのある馬を7頭そろえています」

「なるほど。体育学校にいるお馬さんは練習用なんですね。そしてその練習のためにお馬さんは大事で、装蹄もすごく大事な作業なのか」

「馬のメンテナンスがうまくいかないと選手が練習できませんから。選手たちには、どんな馬にも乗りこなせる技術を身に付けてがんばってほしいです」

　競技を行い、自衛隊の体育研究にも貢献している、体育学校所属の選手たち。彼らの任務は、メダル獲得などの成果を上げることです。しかし近代五種はその特性から、ヨーロッパ勢などに比べるとどうしても日本は〝不利〟で、過去オリンピックで日本選手のメダルは実現していません。そんな中、なんとか世界の厚い壁を打ち破ろうと、選手もコーチも2020年を目指しています。お馬さんたちと一緒に。

2020年に開催される東京五輪。近代五種は調布市の東京スタジアムで行われる予定だそうで、私も絶対応援に行きます。選手、コーチ、お馬さんたちみんなの力で勝ち取る、日本初の、そして体育学校悲願のメダル……歴史的瞬間を、みんなで見届けましょう!!

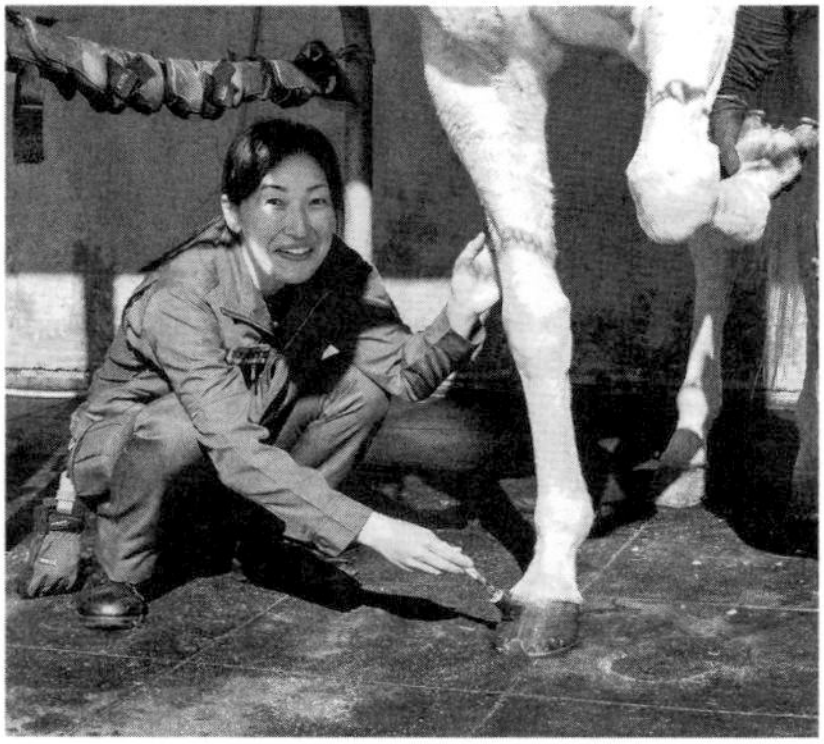

どのお馬さんも選手、コーチにとても愛情深く大事にされていて、近代五種班には「みんなで一緒にメダルを目指そうぜ！」感があふれていました。蹄油を塗った私も少しくらいその一員になれたはず……

お疲れさまでした！

竹下2曹（左）、城曹長（右）、そしてファンキーくん。怖々なお手伝いでしたが、最後には後ろからペロっとしてくれるくらい懐いてくれました

普通科は普通じゃない

本文で、「コーチの城曹長と竹下2曹は、選手引退後に普通科部隊で勤務した後に、コーチとして体育学校に戻ってきた」とさらっと書きましたが、この「普通科部隊」とは。

陸自には16の職種があるとお話ししましたが、16職種のうち一番説明しにくいのがこの「普通科」という職種です。ほかの職種、例えば「機甲科」だったら「戦車と偵察を担当している職種ですよ」とか、「野戦特科」だったら「大砲の職種ですよ」とか、「高射特科」だったら「ミサイルの職種ですよ」とか、ざっくりでも一応は「なるほど」と言ってもらえる説明ができるんですが、普通科は本当に説明に困ります。

陸上自衛隊の公式サイトに16職種を解説しているコンテンツがあるんですが、その普通科の解説にはこう書かれています。

——地上戦闘の骨幹部隊として、機動力、火力、近接戦闘能力を有し、作戦戦闘に重要な役割を果たします。

……これ、意味分かります？　お好きな人は別として、自衛隊になじみのない皆さん、これで

COLUMN

分かります？　分かる分からんの前に、たったこれだけの短い文章なのに読む気なくしません？　でも、この陸自公式解説の通りなんです。普通科ってそうなんです。とはいえ、これでは伝わらないので、私はこう説明しています。

「普通科以外のバトル系職種は、大きな武器で戦うんだよね。機甲科だったら戦車を使うし、野戦特科は大砲、高射特科はミサイル。でも、普通科は小銃とか機関銃とかの小さな武器を持って、基本は自分の身ひとつで戦うの。自分の体を武器にして戦う職種、それが普通科なの。『普通』って名前が付いてるけど、普通科隊員は自分の体を武器にして身ひとつで戦う全然普通じゃない人たちなの」

ざっくり過ぎのなかなか乱暴な説明ではあるんですが、これでなんとなーく伝わりましたでしょうか。私の経験だと、これで〝普通〟の女子たちも「普通科」をなんとなーく理解してくれるんですが、ここにたどり着くまでにはかなりの紆余曲折がありました。

友人に、「旦那さんが陸上自衛官」な子がいるんですが、こちらの旦那さんは以前別の仕事をしていて、結婚後に自衛隊に入隊しました。友人は、旦那さんから「自衛隊に転職したい」と言われて、応援したいんだけど自衛隊のことなんてまったくわからんちんで、「ねえねえ真理ちゃん、旦那が自衛隊受けるって言ってるんだけど……」とよく相談を受けていました。

無事試験に合格し、入隊した旦那さん。入隊してしばらくすると、どの職種に行きたいか希望を出すんですが、このことでも友人から相談を受けました。友人の職場のこともあり、「東京か、できるだけ東京に近い勤務になってほしいんだけど、どの職種を選べばいいの？」と。

「それだったら、練馬駐屯地か朝霞駐屯地、あとは大宮駐屯地かな。その辺の勤務になれたらいいよね」

「練馬か朝霞か大宮だったらどの職種？」

「新隊員が配属される部隊って考えると、通信科、普通科、施設科あたりかな？」

「だったら通信科がいいと思う！　旦那、パソコン得意だし！」

「うーん、パソコン得意と通信科はあんま関係ないかな……」

「そうなの？　だったらやっぱ普通科だよね！　旦那、普通科に行ってほしい！」

「なんで普通科に行ってほしいの？」

「だって、なんでも普通が一番じゃん！　高校だって普通科に行っとくのが無難でしょ！」

「いや、高校の普通科と自衛隊の普通科は全然違ぇから！　自衛隊の普通科は全然普通じゃねーんだよ!!」

「は？？？？？」

自分でもおかしなこと言ってる自覚はあります。「普通科は普通じゃない」なんて、ニホンゴがおかしいです。「は？？？？？」という友人のリアクションが大正義です。

ので、友人に一生懸命説明をしました。

「えーっと、『普通科』って名前だから分かりにくいんだけど、自衛隊の『普通科』は米軍とか旧日本軍でいうと『歩兵』なの」

「なにそれ？」

「だよね……。えーっと、将棋でいうと『歩』なの」

「私将棋知らない」

「……」

さて、どう説明したものか……と、あれこれ試行錯誤を繰り返し、苦し紛れに友人に言ったのが、「自分の体を武器にして身ひとつで戦う全然普通じゃない人たちが普通科」、でした。友人もこの説明で「えー何それ激ヤバじゃん」と伝わってくれました。

私の周りには、こんな〝普通〟の女子がたくさんいてくれて、彼女たちから繰り出される新鮮な自衛隊的疑問を一つひとつ丁寧に説明し、でもちっとも伝わらずじゃあこういう言い方をしたらどうだ、これでもダメか、じゃあこれはどうだ、ああ伝わった良かったと試行錯誤を繰り返しているおかげで私は今の仕事ができています。おかげさまで読者の皆さま方も「分かりやすい！」と喜んでくださっていて、私の周りの〝普通〟の女子たちに大感謝でございます。これからもよろしくお願い申し上げます。

……と、お馬さんからだいぶ話がそれました。本文では、「東京五輪は、近代五種の会場の東京スタジアムに絶対に応援に行きます！」と宣言しましたが、現在チケットは落選が続いておりテレビ応援になりそうな気配が満々であることをお伝えして次のお手伝いに参ります。

……なんて書いたら、新型コロナ騒動で２０２０五輪自体の延期が決定し、２０２０年4月の今、慌てて加筆をしています。

今、体育学校では21年の開催に向けて選手たちも予想外の体調管理をしながらがんばってるんだろうなぁ。ファンキーくんにも、ほかのお馬さんたちにも、蹄鉄だけじゃない体調管理を選手・コーチ一丸で試行錯誤してるのかもなぁ。

現状ではまだ先が見えない新型コロナ騒動ですが、岡田もあおりを受けてお仕事がなくなりいろんな意味でぜーぜーはーはー言っておりますが、21年の東京五輪で選手たちが存分の力を発揮する姿を全力で応援できるよう、笑顔で生き抜いていきます！

がんばれ、ニッポン！　がんばれ、近代五種！　がんばれ、お馬さんたち！　がんばろう、みんな！

かいのきせ巻き

海上自衛隊 横須賀教育隊 教育1部 教材係

2018年1月お手伝い実施

「今日は何のお手伝いですか?」

お手伝い現場に向かう道中、マモル担当の海上自衛官に尋ねると「きせ巻きです」との返答。

「なんですかそれ?」

「短艇をこぐ『かい』にロープを巻いていきます」

「うーん、安定の謎さ加減。いや、でも今日は、お手伝い内容より『どこでやるか』ですよ。この寒い中お外はマジご勘弁願いたい……」

「たぶん庫内だと思いますよ」

「よっしゃあああああああ!!」

到着したのは、神奈川県横須賀市の武山地区にある、海上自衛隊横須賀教育隊。の、びゅーびゅーと風が吹き荒れる海沿いの「短艇庫」。かい、ロープ、リヤカー、そしてなんだか分からない機械で埋め尽くされた倉庫のような建物です。暖房はなく寒さはどうしようもありませんが、

風がしのげる屋根と壁があるだけでとってもうれしいです。

と思いきや、「では、こちらです」と連れて行かれたのは短艇庫を出た海っぺリの広場で、えええお外なの?!　寒い！　寒い！　海風ヤバいって!!　死ぬ！　死ぬ！　いや死なないんだろうけど!!

寒々しいざっぱーんな波しぶきの向こうを指さした横須賀教育隊の広報さんに「富士山がきれいに見えますよ」と言われても眉間にシワしか寄せられず縮こまっていると、本日お世話になる横須賀教育隊教育1部教材係の小山大樹2等海曹、内田雅志2等海曹がやって来ました。

「作業の前に、まずはこのカッパを着てください」

「おお、カッパでも十分防寒になりそうだありがとうございます」

「いえ、タールの汁で汚れますので」

「タールの汁？？？？？」

で、小山2曹が手にしたのは「タール索《さく》」という麻のロープ。タールを染み込ませているので強度があり、腐食しにくいんだそうです。タール索で手もかなり汚れるとのことでゴム手袋もお借りし、よし、カッパとゴム手で最低限寒さはしのげたぞ。

「このタール索をかいに巻きます」

なにやら特殊な道具の数々を使い、タール索をかいに手際良くくるくる巻いていく小山2曹。

「岡田さん、そっちのタール索を持ってください。私が巻くのに合わせて一緒にかいをぐらせて……」

「はい、こうですか？　ああ、小山2曹の巻き巻きが早くて追いつけない……すみません、絡まりました」

内田2曹の助けを借りながらタール索をさばいていると、かいの一部分にタール索が着せられていきます。「巻いて着せる」だから「きせ巻き」という名前なんだそうです。

「はい、これでかいのきせ巻きは完成です。きせ巻きをするかいはまだまだありますので、岡田さんお願いします」

「……の前に、ひとつ聞いていいですか？」

「なんでしょう？」

「これ、そもそも何なんですか？」

「おお、そこからか」な表情の小山2曹と内田2曹が連れて行ってくれたのは、海に短艇がつるされた乗り場。

「これが短艇です」

「はい」

「ここに隊員が座り、船のへりにある『かい座』にかいを置いてこぎます」

「このくぼみがかい座ですね」

「もし、かいにきせ巻きをしていなかったら、かい座との摩擦などでかいがすぐに傷んでしまい……」

「あー、それできせ巻きをするんですね。かいが傷まないように、ロープを着せて保護をする……と」

「そうです！」

はー、かいのこんなとこにこんなロープが巻かれてるなんて今の今まで知らんかったなぁ……と、きせ巻きがなんなのか分かったところで早速お手伝い。

「こちらは、元々のタール索の束です。まず、これを〝ばくだん〟にします」

「ばくだん？」

「束の状態では使いにくいので、丸い形に巻き直すんです。巻き直した形から、通称〝ばくだん〟と呼ばれています」

「あー、編み物をする前に、束になってる毛糸をボール状に巻き直すのと同じですか？」

「そうですそうです！」

で、タール索をぐるぐると巻き直し。タールが染み込んでるだけあって、麻のロープのくせにずっしりと重みがあります。丸いボール状にして、最後にタール索の端っこをぴょこんと出し、あーなるほど、これ確かに爆弾っぽい。ボンバーマンで見るヤツだ。

「では、かいにきせ巻きをしていきましょう。巻くのはかい座に当たる部分、30センチメートルほど。巻く場所に印を付けたら、まずタール索を3周ほど巻き付けます」

「こうですね」

「そしてこの『サービングマーレット』にタール索をこうやって巻いて……」

「？？？」

「あとはサービングマーレットを回していきます。上から下方向には力を入れて、下から上は力を抜いて……」

「こうやってこう……？　おーなるほど。サービングマーレットを使うと、私の力でもぎゅっと巻けますね！」

サービングマーレットは木製で、かいにきせ巻きをする専用の道具。取っ手のような棒が付いています。この棒にタール索を巻き付けて抵抗を作ることによりしっかり巻けるという仕組みで、棒を持ってサービングマーレットを回すとそれほどの力を入れなくてもギギッギギッと締め付ける音が。ギギッで絞られたタール索からは黒い汁がボタボタと滴り落ち、確かにこれはカッパと手袋がないとかなり汚れるなぁ。小山2曹と内田2曹は普通のジャンパーに素手ですが……。

「よいしょっ、よいしょっと。えーっと、これ締め付けながらやってるから途中でいったん止めるってのは無理ですよね」

「どうかしました？」

「寒さで鼻水が垂れてて……拭きたいけど手袋がタールまみれで……いったん止めて手袋外して拭きたいんですけど……カメラマンさん、鼻水写ってませんか？」

優しいカメラマンさんが写真を確認しようとすると、鬼スタッフから「大丈夫でーす鼻水は画像処理で消しまーす続けてくださーい」と100パー消すつもりねーだろな指示が飛び、ああでもそうか、この作業中って鼻水を拭くという人として当たり前のことすらできないんだなぁ。

「きせ巻きって、こんな真冬でもやってるんですか?」

「そうですね。もうすぐ学生が入校するので、かいの準備が必要ですから」

「そうなのか……大変ですねぇ……え?　ってことは、学生さんはこの寒い中短艇訓練やるんですか?　この凪びゅーびゅーで波ざっぱーんの海で短艇をこぐんですか?」

「はい。でもこいでたら暑くなりますよ」

「いやいやいやいやいやだとしても!!　短艇訓練ってこんな真冬でもやらなきゃなくらい大事なんですか?」

「短艇訓練は、気力・体力・団結力を養う伝統的な訓練です。海上自衛隊の教育に短艇訓練は必須ですし、防衛大学校でも幹部候補生学校でも行われています」

「気力・体力・団結力か……。お2人は、その短艇訓練を担当しているんですか?」

「いいえ、私たちは教材係なので学生の訓練に直接関わることはありません。教材である短艇や、かいの整備を担当しています」

　短艇やかいの整備業務。このきせ巻きは、巻いたタール索が切れたときや古くなったとき、また、かいが折れて新しい物を準備するときにやる作業なんだそうです。

「でも、かいって、そんなにしょっちゅうは折れませんよね?　こんな太くて丈夫そうだし……」

「いえ、訓練では結構ボンボン折れていきますよ。年に20本は折れますね」

「そんなに!?　そのたびにきせ巻き作業が増えて……と考えたらあんまり折らないでほしいですねぇ」

「でも学生は一生懸命やってますから。かいにまで頭が回らないくらいきつくて必死ですし。かいには愛着を持って接してほしいですが、がんばって訓練をしてもらいたいです」

「なるほど……と、そろそろこのへんで巻き終わりですか？」

「そうですね。では末端処理をしていきましょう」

タール索を長めに切ったら、左手の親指を立ててその上からタール索をぐるぐる5周。できた隙間に末端のタール索を通し、サービングマーレットに巻き付けぐっぐっと締めます。そしてきせ巻きの端に添えたサービングマーレットを、「マーリンマーレット」という木づちのようなものでトントンたたいて形をきれいに。タール索の末端はほぐして3本に分解し、編み込んで結ぶという複雑な処理をしてほどけないようにします。最後に、編み込んで結んだ目をマーリンマーレットでトントンたたき潰して平らにし……完成！

「おー！　できたー！　自分で言うのもなんですが、結構ぎゅっとしっかり巻けてますよね？」

「はい、きれいに巻けてますよ」

「でも、実際の学生の訓練にはさすがに……使ってもらえます？」

「もちろんです」

「おおー！　やったー!!」

寒さに震えながらのきせ巻きでしたが、気が付けば汗ばんでカッパの内側には水滴が。きせ巻きだけでもこうやって汗をかくんだもんなー、そりゃ短艇訓練は真冬でも暑くなるのは当然か。とはいえ、「やれ」と言われたら季節関係なくマッハで逃げますが……。

気力・体力・団結力を養う大事な短艇訓練。その主役はもちろん学生ですが、教育をする教官や班長、さらには短艇・かいを整備する教材係のサポートがあって初めて成り立つものです。そのサポートには、こんな海風とタールにまみれたりする業務も。

私がきせ巻きをしたかいを使う学生さん、訓練はとっても大変でしょうけど、波に負けずにこいでこいでこぎまくってくださいい！

右手に持ってるのがサービングマーレット。上に突き出た棒にタール索を巻いて、ぐっと締めながらぎゅっと巻いていきます（がんばってきりっとした顔作ってますが鼻水は垂れたまんまです）

お疲れさまでした！

通常は1人勤務の短艇庫。ちょうど入れ替わりの引き継ぎ期だったので、小山2曹（左）と内田2曹のお2人に教えていただけました

求ム！　不器用な自衛官！

今回のお話が『マモル』に掲載された後、読者の方から「タール索ってどうやって作ってるんですか？　タールに麻のロープを浸しているんですか？　どのくらいの期間ですか？」というご質問をいただきました。お答えすると、「タール索として出来上がった物を買ってます。作り方は業者さんに聞いてください」です。身もフタもない回答ですみません。

私はえっちらおっちらタール索を巻いていきましたが、最初に小山2曹が巻き巻きしたときは本当にすごいスピードでした。小山2曹の巻き巻きに合わせて、タール索の〝ばくだん〟を持ってかいをくぐらせているだけなのに全然追いつけない私を取材スタッフがゲラゲラ笑っていましたが、いや、あれ私がどうのというより小山2曹が速すぎるんですよ絶対。私の不器用さが原因の1つであることも否定はしませんが。

自衛官ってほんと器用な人が多いなぁと思います。私みたいな不器用な人もいないワケがないと思うんですが。いつの日か、不器用な自衛官に会えるのを心待ちにしています。

COLUMN

自動倉庫の管理

航空自衛隊 第4補給処 保管部

2018年1月お手伝い実施

今回お邪魔したのは、埼玉県にある航空自衛隊入間基地。第3回のお手伝いでC-1輸送機を洗機したとき以来の入間基地です。今日も、第402飛行隊整備小隊の皆さんは水をかぶりながら洗機してるんだろうな~柴犬みたいなC-1がよしよしされてるんだろうな~と思いながらも、今日向かったのは航空機のエリアではなく「第4補給処」。

航空自衛隊には第2補給処、第3補給処、第4補給処の3つの「補給処」があります。以前は第1補給処もあったんですが第4補給処に統合され、現在の3つになっています。で、補給処とは何をするところなのかというと、物の補給。制服からミサイルまで、航空自衛隊で使うありとあらゆる物を調達・整備・保管し、各部隊へ手配するという業務を行っています。今回私は、第4補給処の中で「保管」を担当する「保管部第1保管課保管班」という名は体を表し過ぎな部隊でお手伝いをするとのことで、案内された場所へ行くと……なんだこのでかい倉庫! 体育館みたいな高さの天井に届きそうなくらいにそびえ立った棚がいっこにこさんこよんこ……なん個あ

るんだこれ？　で、奥行きは……どこまであるか見えない!!　どんだけたくさんの物が詰まってるんだここ!!

お出迎えしてくれたのは、渡邉真紀1等空曹、井上慶祐3等空曹、山﨑栞3等空曹。

「今日岡田さんには、『業者から納入された物品を倉庫に保管する』、『部隊から請求が来た物品を出庫する』の2つの業務をお手伝いしていただきます」

渡邉1曹の指示を聞いていると、「なるほど、物品が業者から納入されて、必要になるまで保管をするのがこの倉庫ってことなのね。だから、物品が来たら保管して、請求が来たら出庫して……」とだんだん理解できてきましたが、でもそれってただ物品を出し入れするだけじゃないの？と思ってたら早速、井上3曹が「業者から納入された物品」が入った段ボール箱を持ってきました。

「物品は『管理換票』に基づいて、出荷・入荷作業を行っています。まず『物品番号』を『物品票』と照らし合わせて……」

中身が何か、数量は何個か、を確認しながらあれやこれやをパソコンに入力していく井上3曹。おお、これは単に出し入れするだけじゃなさそうだな。そりゃこんだけ物があれば管理もちゃんとしなきゃだよな。

「すべて入力したら、最後に実行ボタンを押します」

井上3曹がポチッとすると、ブイーンヒュイーンと機械的な音が……うわ、なんか来た！

「これは自動倉庫です。第4補給処にはこちらの01Pのほか、02P、03Pの3つの自動倉庫があります」

「自動倉庫！　ハイテク!!　これ、棚が自動で動いてるんですか？」

「コンテナを載せたパレットが特殊なクレーンで運ばれています」

「なるほど」

「今、動いているのは4号機です」

「何それエヴァンゲリオンっぽい」

「そして隣が3号機、2号機……」

「エヴァっぽい」

「そして、これが1号機」

「あ、そこは初号機じゃないのね」

ブイーンヒュイーンとパソコンの隣まで運ばれてきたのは、パレットに載った1・2メートル四方のコンテナ。

「パソコンのこの表示を見てください」

「えーっと、『B3』？」

「これは、コンテナのどこに物品を置くかという指示です」

「そんな指示まで出るんだ！　すげー！」

コンテナに物品を置き、またボタンをポチッとな。するとブイーンヒュイーンと棚に帰っていくコンテナ。

「これで保管が完了なんですね〜。ところで、さっきの段ボール箱って中身はなんだったんですか?」

「ケーブルです」

「ケーブル?」

「エヴァでいうところのアンビリカルケーブル的な……」

「なんか大事な電気ケーブルなんですね」

エヴァンゲリオン話に乗っかって説明してくれる井上3曹。おかげで自動倉庫のブイーンヒュイーンもエヴァの発進準備の音にしか聞こえなくなり、頭の中で「♪チャーチャーチャーチャーララーチャララチャーラララ」とエヴァの次回予告BGMが流れ始め、こんな状況で「では次の物品を岡田さんお願いします」と言われたら「サービスサービスぅ!」と返してしまいそうになりましたが、いい大人なのでこらえました。

気を取り直して、次の物品の保管に挑戦。えーっと、この番号をパソコンに入力して、個数は……。

「この表記ってなんなんですか?」

「コンテナの場所ですね。コンテナには番地のようなものが振られていて、番号とアルファベットで表しています」

「なるほどー。たくさんのコンテナをこうやって管理してるんですね」

管理を徹底するために、表記にはいろんなルールがあります。例えば、日付は1月13日なら1

13、9月5日は905という感じで3桁の数字で表すとのこと。
「なるほどなー。あれ？　でもそしたら10月、11月、12月は4桁になっちゃいません？」

「10月、11月、12月はXYZを使います。10月1日はX01、12月31日はZ31」

「なるほど、XYZか」

「キャッツ・アイみたいですけど」

「XYZはキャッツ・アイじゃなくてシティーハンターです！」

「あ、そうか！」

ってなんの話だ。いや、私がエヴァなんか引っ張ってきたからこんなことになっちゃってるんだけど。

物品の段ボール箱を見て、このくらいの大きさならこのくらいの空きのところに入るな……などなど判断しながら入力完了、ボタンをポチッとな！　コンテナもブイーンヒュイーンとやって来てくれて、よし順調だ。

「えーっと、置く場所はA3ですね、ここに置いて……と」

「物品は瑕疵《かし》期限の順番に置いてください」

「なんですかそれ？」

「電気製品の保証期限のようなものです。ここに瑕疵期限の日付が書いてあるので、手前から並べて……」

「あー、スーパーで牛乳の賞味期限が早いのを手前から並べてる感じですか？」

「そうですね」

「えーっと、こっちの日付が先だから、こうか。これでいいですか？」

「あと、箱は貼ってある物品票がコンテナの外から見えるように置いてください」

「なるほど」

瑕疵期限の順番に並べて物品票も見えるように置いて、よーしオッケー！……と思ったら「ちゃんとコンテナのロックをしてください！」。ロックが掛かってないと、ブイーンヒュイーンと動いてるときにコンテナの中身が外に出てしまうそうで、さらにはコンテナから何かはみ出してたらセンサーが反応して機械が止まってしまうとのことでコンテナの上下左右もチェックして、うーん、機械相手もなかなか大変だなぁ。

すべてを終え、ブイーンヒュイーンと帰っていくコンテナを見送っていると、「次は出庫作業です。部隊から請求が来た物品を必要な数だけ出します」。……と、3号機の前に設置されてるパトランプが点灯！

「なんですかあれ？」

「緊急に必要な物品の請求が来たら、あのランプがつくんです」

「わー大変だ！　急がなきゃ！」

……まあ実際は緊急事態ではなくランプをつけてくれただけなんですが。

先ほどの保管作業も、出庫作業も、通常は2人態勢でやるとのことで、山﨑3曹とバディを組んで出庫作業をやることに。私がパソコン入力を担当してブイーンヒュイーン、そして山﨑3曹がコンテナから物品を運び出してくれました。

「えーっと、この物品票を段ボール箱に貼って……完了！」

「これですべて終了です。お疲れさまでした！」

最後の出庫作業で物品を運んでくれた山﨑3曹は小柄な女性。なのにフォークリフトも駆使し、大きな段ボール箱も男性と一緒にテキパキと運んでいます。

「力仕事なのに、すごいですね」

「コツがあるんですよ」

「コツ？　何それ？　知りたい！」

「重い物でも、力の入れ具合や支点を変えれば安全に運べるんです」

「なるほど〜」

「あとは時間をちゃんとかけることですね。物を運んだりフォークリフトに乗ったりするときは時間をたっぷり使って、安全に。その分、書類を張り付ける作業などはパッとやって時間を短縮させています」

井上3曹も、やはり一番気を付けているのは「安全」とのこと。

「緊急のランプが出ていても、優先は『安全、確実、迅速』の順です。事故が起きるとけがをしますし、物品も壊してしまいます。第一は『安全』で、その次に数量や出庫先などの『確実』ですね」

安全を最優先しながらも、ミスがあってはならない作業。二重チェックができるよう、作業は必ず2人で行い、さらに三重四重のチェック態勢がとられているんだそうです。

もし請求とは違う物や数量を部隊に送ってしまったら、部隊は任務ができなくなっちゃうもんなぁ。航空自衛隊は弾道ミサイルに対処する任務もあるから、万が一でもミスは絶対に許されないよなぁ。いやー、よく考えたらこれかなりシビアなお仕事だ。

シビアなお仕事は、しかし裏を返せば達成感にもつながり、「テレビで弾道ミサイル対処のニュースを見たときは、『自分が補給した物品が国の平和に役立ってるんだ』と実感します」と井上3曹。

安全な作業も、ハイテクな管理も、細かい表記も決め事も、すべてはシビアな任務に確実に応えるため。第4補給処の倉庫に詰まっているのは、たくさんの日本の平和の種でした。

山﨑3曹と一緒に保管する物品をわっせわっせ。中身はすごーーーくお高いモノだったりするので、ただ運ぶにもいちいち変な緊張感が走ります。いや、安けりゃ壊していいってワケではないんですが

お疲れさまでした！

左から渡邉1曹、井上3曹、山﨑3曹。力仕事なので保管班は若い隊員さんが多く、皆さん仲良くいい雰囲気でお仕事されていました

非常時の対策もバッチリでした

超ハイテクな自動倉庫。アナログな倉庫に比べると、作業は効率的で物品の管理も確実だし、すごいなー、倉庫ってこんなことになってんだなーと感動しきりでした。

しかし気になるのは非常時。大災害時に忙しくなる自衛隊なので、そんなときに停電なんか起きちゃったらこの倉庫使えないんじゃ……必要な物が取り出せなくなっちゃうんじゃ……と聞いてみたら、ブイーンヒュイーンとコンテナを運ぶレールの間にはハシゴがあり、停電時でも人力で取り出せるようになっているとのこと。さらに耐震対策も万全だそうで、そりゃそうですよね、私が考えつくようなことはとっくに解決済ですよね、大変失礼致しました。

COLUMN

ドラム缶整備

陸上自衛隊 関東補給処 朝日燃料支処

2018年2月お手伝い実施

「朝日燃料支処では、ドラム缶の整備を行っています。燃料を使い終わって空になったドラム缶を、中も外も整備してきれいにし、また燃料を入れて使える状態にするんです」

ドラム缶って洗うもんなんだ……ドラム缶って再利用するんだ……。ビールの空き缶は捨ててリサイクルするけど、ドラム缶は洗ってまた再利用するんだ……。

「ということで、今日、岡田さんにはドラム缶の整備業務をお手伝いしていただきます」

今回お邪魔したのは、茨城県にある陸上自衛隊朝日分屯地。の朝日燃料支処。ドラム缶がそこここに積まれ、並べられている工場のような建物で、整備科長の塚本政幸1等陸尉からレクチャーを受ける岡田の本日の服装は、部隊からお借りした青いツナギの作業服。整備中はドラム缶や中に残っている燃料で、着ている服に変色や破れ、擦れが起こるため、長時間整備業務をするときは部隊の皆さんもこの青いツナギを着るそうです。この日は短時間の作業なので部隊の皆さんは迷彩服ですが、専用の分厚いエプロンを着けていました。

ドラム缶の整備業務は全部で11工程。1つ目は空になったドラム缶を運び込む「搬入」なのですが、搬入はもう既に終わったそうで、「今日は、搬入が完了した後からの作業を、お願いします」と、今回私の指導をしてくれる増渕正人2等陸曹がやって来ました。

「ではぁ〜始めましょう。はい、ドラム缶が来ましたぁ」

増渕2曹、『水曜どうでしょう』の藤村ディレクターに声もしゃべり方もそっくりです。私も対抗して「僕ぁ〜ドラム缶を整備するんだよぉ！」と大泉洋のモノマネをしながらお手伝いをしたいところですが残念ながらそんな芸当はなく、素の岡田のままお手伝い開始。

ドラム缶が搬入された次の工程は「残油抜《ざんゆぬき》」です。缶ビールを飲み終わっても、缶の中には飲みきれないビールが少し残ってしまいますが、それと同じくドラム缶の中にも燃料が少し残っています。それを完全に抜く作業です。

中身を抜くためにドラム缶の栓を開けなければならないのですが、渡されたのは「ドラムレンチ」という工具。なにこれどう使うんだ？　と眺めていると、「よぉ〜し展示だ、若ぇ衆！」と相変わらず藤村ディレクターな増渕2曹に呼ばれた八代隼丞《やしろしゅんすけ》1等陸士が、ドラムレンチを使って手際良く栓を開けてくれました。2本目は私がもたもたと開け、中をのぞくと……あー、油っぽいのが残ってる！

で、これをどうやって抜くのかというと、歯医者さんにある唾液をバキュームする器具がでっかくなったような物でジュオオオオオオと吸い込みます。1本目、2本目のドラム缶は中をのぞきながら吸い込んでいたものの、３本目は慣れてきて、のぞかなくても手に伝わる感覚でうまく吸い込めるように。お、ドラム缶整備、結構楽しいかも！

「残油抜」が終わったら、次は「選別」。整備して使える物と、さびなどで整備しても使えない物を選別するのですが、これは私には判断できないので増渕２曹にやってもらい、「はい、選別が終わりましたぁ。次は『整形』の所に持っていきましょう～」

自衛隊のドラム缶は空の状態で約30キログラム。航空燃料用のドラム缶は特殊でもっと重さがあります。ので、ドラム缶を傾けて転がしながら運ぶんですが、私がやると重いドラム缶に振り回されるばかりで一向に前に進まず……。しかし、私が１本のドラム缶と格闘している間に、八代１士は２本３本と次々運んでいきます。普通に歩くようなスピードで、「ドラム缶を運んでる」というより犬の散歩みたいに「ドラム缶を連れて歩いてる」という感じで……すごいなぁ。「車のハンドルみたいに、上の面を10時10分の位置で持って回すと簡単ですよ～」。増渕２曹に教えてもらったもののやはりうまく運べず、ドンガンドンガン振り回されながらへっぴり腰で「整形」の場所へ。ふと見ると、増渕２曹は「慣れればこうですよ～」と言いながら片手でドラム缶をくるくる操っており、わー皿回しみたいだ、「ドラム缶回し」で浅草演芸ホールあたりに出られんじゃねえのこのワザ。

次の「整形」の工程から、ドラム缶整備はいよいよ本格化。「整形」はその名の通り、形を整える作業で、機械にセットしてボタンをポチッとな。するとローラーがごんがらごんごんと回り、上下の円形部分の縁、そしてボディが整えられます。

整形が終わると、またドンガンドンガン運んで次は「内部洗浄」。ドラム缶の中の汚れ、さびを取るのですが、そのブラシ的な役割を果たすのはじゃらんじゃらんした1メートル弱の鎖。なんだこれこんな長い鎖プロレスでしか見たことねーぞ。

鎖を5本ずつドラム缶に入れ、機械で回しながらシェイクすることにより、汚れやさびを取る……という仕組みだそうで、まずはフックが付いた棒で鎖を1本ずつドラム缶の中へ。鎖にフックを引っかけてドラム缶に入れるというただそれだけのことなんですが、重くて思うように釣り上げられなかったり、ジャラジャラジャラジャラ釣り上げてもガッシャーンと落としてしまったり……。片尾大紀1等陸士に教えてもらいながら、必死で鎖と格闘していると、横から増渕2曹が「今何本目？」。

「急にそんな『時そば』みたいな……えーと、4本目？」

「せいかぁ〜い」

「本当に藤村ディレクターだなぁ」と思いながらせっせせっせと5本の鎖を次々とドラム缶に入れ、準備完了。機械でシェイクし終わったら、入れた鎖をまたフックの付いた棒で釣り上げてドラム缶を空に。

「次は水で洗いまぁす」

市民プールにある目を洗う蛇口のような、上へ向いてる水の噴出口に、逆さまにしたドラム缶の穴をかぶせ、中を水洗い。終わったら、水がはねて汚れた面をブラシでゴシゴシ洗います。「内部洗浄」の次は「内部乾燥」。整備が終わればドラム缶には燃料を入れるため、水分をきちんと取り除かなければなりません。ので、１４０度の炉に入れ、その後は風で乾燥。

「中がきれいになったので、今度は外をきれいにしましょう～」

次の工程は「外部洗浄」。ブラシが３本付いた機械にドラム缶を横向きに入れ、ぐるぐる回しながら磨きます。ドラム缶整備の工程はどれもやかましいのですが、ガーガーシャーシャードンドンとりわけやかましい音を立て、ときどき火花を散らしながら洗浄が終わると……ピッカピカ！　つるっつる！

中も外もきれいになったドラム缶。これで終わりかと思いきや、次は「塗装」。「ＯＤ色」という、緑色にグレーを混ぜたような自衛隊の車両や航空機によくあるカラーで、ドラム缶も自衛隊色に染めます。機械にセットすると、ゴンガラゴンゴンゴンブシューーーーー！　と上下左右からＯＤ色のペンキが吹き付けられ、てらってらにペンキが塗られたドラム缶が完成。機械の中をのぞくと、天井からＯＤ色のペンキのつららが垂れていました。あまりにも「自衛隊らしい」つららで、「このつらら、読者プレゼントにしたら喜ばれるんじゃね？」とひらめいたんですが、需要はあるんでしょうかどうなんでしょうか。

ＯＤ色に染まったドラム缶。ですが、塗る色はほかにもあります。ドラム缶の中央部には、黄色１本線、赤色２本線などの燃料の種類を表す帯を塗らなければならず、こちらはペンキの付いたローラーで着色。これでついに完成！……といきたいところですが、もう1つ塗装があります。それが、次の工程の「表示」。

燃料が入ったドラム缶には法律などで定められた表示が必要です。ので、ドラム缶の上面に「灯油1号」とか「防衛省」とか「火気厳禁」とかの文字が切り抜かれたプラスチックの板を乗せ、ペンキのスプレーでシューシューします。

この後、最後の工程「完成検査」で、整備がちゃんと適切に行われているかがチェックされるのですが、これは私にはできないので、ペンキシューシューで私のお手伝いは終了。増渕2曹から「意外なほどマルです～。ちょっと失敗してほしかったですけどね～（笑）」と、最後まで藤村ディレクターな口調でお褒めの言葉もいただけました。

「全てが力仕事で、大変な業務ですね」。作業終了後、増渕2曹に声を掛けると、「いえ、一番大変なのは『危険物を扱う』という面です」。

「空のドラム缶でも危険なんですか？」

「燃料が入っているときもそうですが、空のドラム缶に燃料がちょっと残っていると気化ガスが発生して危険なんです」

「ああ、そうか！」

「ライターなどの火気を持ち込まないことはもちろんですし、専用のエプロンやメガネ、マスクでの保護も必ず行っています。管理を徹底するために、一般的な駐屯地・分屯地と同じ外柵だけでなく、危険物を扱う場所はさらにもう1つ柵で囲っています」

気付けば、〝藤村ディレクター口調〟は消え去り、厳しく真剣な表情で語る増渕2曹。「ドラム缶の整備業務」と聞くと、ドラム缶そのものだけを思い浮かべてしまいますが、何を入れるためのドラム缶なのかにまで思いをはせれば……なるほど、すごく危険ですごく大事な業務なんだなぁ。この大事な業務があるから、自衛隊の車両も航空機も、みんなちゃんと走って飛べてるんだなぁ。

この業務を行うために、部隊の皆さんは「乙種第4類危険物取扱者免状」を取得しなければならないとのこと。

「部隊で一番若い、八代1士と片尾1士もちょうど先日この資格を取ったばかりです。2人とも一発合格だったんですよぉ～」

将来のドラム缶整備を担う若手隊員を誇らしく語り始めると、増渕2曹は柔らかな〝藤村ディレクター口調〟に戻っていて、その笑顔を見ていると「未来の車両も航空機も、燃料の心配なく元気に走って飛んでくれるんだな。未来の日本もずっと守られ続けるんだな」と、こちらまで自然と笑みがこぼれてきました。

ドラム缶の栓は、ドラムレンチの先を栓の溝にはめ、くるくる回して開けます。使い方を八代1士が教えてくれたんですが、私はドライバーでもネジの頭をつぶしてしまうタイプなのでヒヤヒヤしながらくるくる

お疲れさまでした！

お世話になった塚本1尉、片尾1士、佐々木曹長、八代1士、田中2曹、遠藤士長（後列左から）。そして藤村ディ……じゃなくて増渕2曹（前列）です

へっぴりアップ事案

お手伝い中は、いろんな方から写真を撮られます。この記事のためのカメラマンさんはもちろん、お邪魔した部隊の広報さんが撮影に来ることもありますし、防衛省の広報さんもなにやらパシャパシャ撮ってたりします。

今回のお手伝いが終わって数日後。何気なくツイッターを見ていると防衛省・自衛隊アカウントに私の写真がアップされていました。「マモルの取材風景です」という内容のツイートだったんですが、その写真がまたへっぴり腰でドラム缶を運んでる姿で。運んでるというよりドラム缶に振り回されてるというべきへっぴりっぷりで、何もこんな写真使わなくても……。いや、もう私は自衛隊さん的にはフリー素材でいいんですけど。

部隊の皆さんは本当にドラム缶を運ぶのが上手で、そりゃもちろんプロなんだから上手に決まってるんですが、あの重いドラム缶を犬の散歩のように連れ歩けるのが実はすごくうらやましくて、いつかじっくり練習したいと心ひそかに思っています。

COLUMN

飛行管理業務

海上自衛隊 厚木航空基地隊 運航隊 運航班

2018年4月お手伝い実施

「自衛隊の飛行機やヘリコプターは全て航空自衛隊のものだと思っている」

これ、自衛隊にさして興味のない女子あるあるです。ゆえに、彼女たちは「自衛隊のパイロット↓もれなく航空自衛官」だとナチュラルに思っています。本当は、陸上自衛隊にも海上自衛隊にも飛行機やヘリはあって、当然パイロットもいるんですが……。

さて、今回お邪魔したのは、そんな女子たちには存在してないことにされてしまっている海自の航空基地。神奈川県にある厚木航空基地です。お出迎えしてくれたのは、厚木航空基地隊運航隊運航班長の木田健次1等海尉。

「今日、岡田さんには航空管制のお仕事をお手伝いしていただきます」

「航空管制というと、飛行機やヘリに『着陸していいですよー』とか『上空で旋回して待っててくださいねー』とかを指示するアレですか？」

「そうです。いわば〝空の交通整理〟ですね。私も管制官なんですが、日の当たらない職種なの

で、海自に管制官がいることはなかなか知られていないんですよね」

でしょうね～。海自に飛行機やヘリ、パイロットがいることも知らない人がたくさんなんだから、管制官なんてそりゃあもう……。

空の交通整理人、管制官。管制官になるためには、まず1年2カ月間、基礎となる勉強をするそうです。そして勤務をしながら管制業務の4つの国家資格を取得するためにさらに約3年の勉強が必要だそうで、ちなみに冒頭の写真で私が持ってる2つの分厚い本は丸暗記しなきゃいけないモノの一部。業務以前にお勉強だけでもめっちゃ大変じゃん……。

「全部で4年2カ月のお勉強……そんな知識もない私がお手伝いできるんでしょうか」

「ですので、今日はお手伝いの前に航空管制のお勉強をしていただきます」

「そこから!?」

ということで、お手伝いの前にお勉強開始！　木田1尉に連れられて向かったのは「運航事務所」。

「こちらでは、フライトプラン（飛行計画）や離着陸に必要な情報を管理・提供する『飛行管理業務』を行っています。パイロットがフライトプランを持ってくるので、それを確認し、承認します。こちらが記入済みのフライトプランです」

「このフライトプランって本物ですか？」

「いえ、架空のものです」

「ですよね」

「今回はMAMOR《マモル》01《ゼロワン》というコールサイン（無線などで使う飛行機の名前）の、P-1がフライトをするという設定でフライトプランを作りました」

「あああ、なんか手の込んだものをありがとうございます」

「フライトプランを承認したら、その内容を日本全国の空港とつながっているシステムに入力します。では岡田さん、入力してください」

「んー、入力ならできそうかな？」

パソコンの前に座り、まずコールサインの欄に「MAMOR01」を入力。そして航空機の型式、持っている無線機の種類、離陸の場所、時間、飛行ルート、飛行時間、目的地、目的地の予備の着陸場所、燃料の量などなどを英語のナゾの用語で言われるがままポチポチ……。飛行機ってこんな細かく計画してから飛んでるんだなぁ。んで、これを管理するのも運航班のお仕事なのか。

「で、最後に搭乗員は15人……をポチッと。これでいいですか？」

「素晴らしいですね～。これで1年2カ月の基礎教育はバッチリです」

「マジか」

続いて向かったのは、無線で航空機に離着陸などの指示を出す、滑走路が見渡せる高いタワーの「管制塔」。こちらで「飛行場管制業務」のお勉強……をしたんですが、ページに収まらないので省略。飛行場管制業務だけで1年分のお勉強ですからね。全部書いてたらマモル1冊全ページが「岡田の手も借りたい！」になっちゃいますからね。

そしてお次は「レーダー管制業務」を行っている「着陸誘導管制所」へ。お部屋に入ると、大きなモニターがたくさんあって、画面には地図、そして飛んでいる航空機が表示されていました。

「あーこれ映画とかで見るシーンだ。すごい！」

「では、こちらに座ってください」

指示されたモニターの前に座り、ヘッドセットを装着。室内なので直接航空機は見えませんが、画面にはレーダーによる情報が映し出されていて、この情報をもとに航空機へ無線で指示を送る……というのがレーダー管制業務です。これで、視界不良でも航空機を安全に誘導することができます。

「あれ？　この画面に映ってる航空機のコールサイン……ＭＡＭＯＲ01って書いてる！」

「はい、先ほど岡田さんがフライトプランを入力したＭＡＭＯＲ01です」

「えええええ!?　ほんとに飛んでるんですか!?」

「いえ、この画面はシミュレーターです」

「なるほど」

「このシミュレーターでレーダー管制業務のお勉強をしていただきます」

お隣では、管制塔での管制業務の資格を取得し、現在レーダーでの管制をお勉強中という若い女性管制官さんがホンモノの航空機を誘導しながらホンモノの教育を受けています。無線で飛び交ってるのはちんぷんかんぷんな英語で……いやこれマジもんじゃないですか……こんなとこで私がお勉強していいんですか……。

「では、これからＭＡＭＯＲ01が着陸します。無線で誘導してください」

「どどどどうやって？？？」

「こちらを……」

「あ、カンペだ。ありがとうございます」

「モニターのここに今、ＭＡＭＯＲ01がいます。滑走路の延長線上に10度の方向で進入するように誘導します。この文を無線で伝えてください」

「えーっと、MAMOR01 turn left heading 010」

「はい、いいですね」

ＭＡＭＯＲ01のパイロット役は教官が務めていて、無線の応答をしてくれます。そして私の指示通りにモニターのＭＡＭＯＲ01が飛行します。

「ではパイロットに位置を伝えましょう。ＭＡＭＯＲ01は今ここ、基地から南15マイルにいます」

「えーっと、15miles south of airport」

「いいですね〜。ではここで岡田さんにプレッシャーをかけます。ＭＡＭＯＲ01は今、土砂降りで視界不良のなか飛行していて、このレーダーによる誘導でしか着陸できません。しかも燃料はあと少ししかなく、これが最後のアプローチです。岡田さんの誘導に、無事に着陸できるかどうかが掛かっています」

「ええええ……。確かMAMOR01には15人乗ってましたよね？」

「はい」

「私は今15人の命を預かってるんですか？」

「そうです」

「わー向いてないわこの仕事」

「今、岡田さんしか誘導する管制官はいません！　がんばってください！」

Turn left heading 007, 7miles from touchdown. Begin descend, Slightly right of course……木田1尉に教えてもらいながら、飛行する角度、降下するタイミング、滑走路からの偏位をパイロットに伝えます。土砂降りで視界不良のなか、私の誘導だけを頼りに飛行するMAMOR01。そしていよいよ着陸許可。

「MAMOR01 cleared to land」

「On course, On glide path」。パイロットに正確な進入コースと適切な高さであることを伝えていると、MAMOR01は無事着陸しました。

「着陸……ってことは、15人の命を救えた……んですよね？」

「はい。今、管制塔の管制官が『あー機体が見えた。着陸した。良かった』と胸をなで下ろしているところです」

「土砂降りだとこんな直前まで機体は見えないもんなんですか?」

「そうなんです。着陸ギリギリまで見えない、数メートル先しか見えないこともあります。だから管制官は〝見えない〟パイロットの気持ちになって誘導します。どんなに〝見えない〟状況でも、『絶対に滑走路ど真ん中に持っていくんだ』と強い気持ちで誘導するんです」

重大な事故と隣り合わせの航空機。だからこそ、安全の確保がどれだけ大事なのかは重々承知のつもりでいました。パイロットや整備員たちが、どれだけ安全に努めているのかも。でもその陰には、どんなに〝見えない〟暗闇でも、パイロットの光となる管制官がいました。多くの命を預かるプレッシャーのなか、しかし強い気持ちで、見えない道を照らし続ける管制官がいました。

「お疲れさまでした。これでお勉強は終了です」

「ありがとうございます。あれ？　お手伝いは？」

「では、行きましょう」

乗り込んだのは、1台の車両。運転席の木田1尉の手には管制塔と交信する無線機があり、管制官に誘導されながら着いたのは、滑走路脇の「コンパス・ローズ」。航空機の方位を示す計器をチェックする場所です。

「飛行管理業務には、飛行場の管理も含まれています。航空機が異物を吸い込むとエンジンが損傷してしまうので、異物が落ちていないか点検するのも業務の1つ。危険物の除去をお願いします」

コンパス・ローズに大きな落とし物はありませんでしたが、路面が崩れてできた小石がちょこちょこありました。落ちている小石を拾い集めていると、厚木航空基地を使用しているアメリカ軍の戦闘機が大きな音とともに飛び立ちました。

「この離陸も、管制官が管制してるんだよなぁ」

ビリビリと鼓膜を直撃する音。小石を握った手で両耳をふさぎながら思わず視線を向けたのは、カッコイイ戦闘機ではなく、管制官たちが並んだ管制塔の大きな窓でした。

着陸誘導管制所でのレーダー管制業務。視界不良だったり、アクシデントで海に不時着しなければならなかったりと、いろんな状況を想定して訓練を繰り返します。MAMOR01が無事着陸すると、無線で教官から「Nice control!」をいただけました

お疲れさまでした！

左から木田1尉、運航事務所の下原慎也2等海尉、管制塔の藤尾美樹2等海曹、齋藤孝宏3等海尉、乾健一1等海曹。とってもお勉強になりました！

航空法の目的

レーダー管制で私が誘導したMAMOR01は、「P-1」という飛行機でした。第2回のお手伝いで、パトロールの「P」が頭についた「P-3C」という哨戒機のお話をしましたが、「P-1」はその後継機。P-3Cはプロペラで飛んでますが、P-1はジェットになりました。

で、今回のお手伝い。本文では触れていませんが、実は運航事務所に行く前に会議室に入り、教官を務めていただいた木田1尉から管制の授業を受けました。授業の始まりはクイズから。

「今から出すのはある数字です。『4万2000人』。これは、何の数字でしょうか?」

「海上自衛官?」

「おー、さすが岡田さん! 即答もびっくりです!」

木田1尉、取材スタッフ、そして部隊ご関係者さんからも拍手をいただいて鼻高々。

「では次の問題です。4万2000人の海上自衛官のうち、航空管制官は何人でしょう?」

「それは職域が航空管制の人ということですか? うーん、何人だろう……」

えーっと、海上自衛官を艦艇系の人と航空系の人に分けると、航空系のほうが全然少ないから

COLUMN

……1万くらいかなぁ。もっと少ないのかな？　んで航空系の人も、パイロットとか整備とか通信の人がいて、管制は少ないだろうから……5％くらいかな？　いや、もっと少ないな。

「300人くらいですか？」

「おー、近いですね。正解は約500人です」

「おしい！」

クイズの次は、何やら紙を渡されました。その紙にはこう書かれていました。

——この法律は、国際民間航空条約の規定並びに同条約の附属書として採択された標準、方式及び手続に準拠して、航空機の航行の安全及び航空機の航行に起因する障害の防止を図るための方法を定め、並びに航空機を運航して営む事業の適正かつ合理的な運営を確保して輸送の安全を確保するとともにその利用者の利便の増進を図ることにより、航空の発達を図り、もつて公共の福祉を増進することを目的とする。

「これは『航空法の目的』です。管制官は全員これを丸暗記しています。岡田さんもすべて暗記してください」

「えええええええ」

「覚えるまでこの部屋から出られませんので」

「いやこれ、覚えるのに半年はかかりますよ……。住民票移そうかな……」

しばらく時間をいただき、ナゾの文面とにらめっこ。

「では、カンペを裏返してください。どうぞ！」

「この法律は……国際条約の……準拠して……」

「はい、ありがとうございます！」

予想通りサッパリ覚えられませんでしたが、お部屋からは無事出していただけました。

航空機の機付長名塗装

航空自衛隊　中部航空方面隊　司令部支援飛行隊

2018年5月お手伝い実施

「今回のお手伝いは、この塗装です」

マモル編集部からのメールには、航空自衛隊の練習機T-4の写真が添付されていました。T-4のコックピット左下部分がアップされた写真には、「Crew Chief」の文字、そしてどなたかのお名前が書かれています。

え!?　この塗装を私がするの!?　私が塗っちゃっていいの!?　ホンモノの実用機に岡田の爪痕残しちゃっていいの!?　何それすげー!!

興奮しながらお邪魔したのは、埼玉県にある航空自衛隊入間基地。の中部航空方面隊司令部支援飛行隊。多用途支援機U-4で人や物を運んだり、T-4での飛行訓練を行っている部隊です。で、今回のお手伝いはそのT-4にお名前を塗装するというワケなんですが……。

「これって誰のお名前なんですか?」。整備隊の整備主任、杉山誠司3等空佐に聞くと、「機付長です」。

「機付長」。本連載第3回、C-1の洗機お手伝いで聞いた言葉です。パイロットが搭乗する機は毎回変わるのでパイロットに〝俺の機〟はないんですが、整備員には責任を持って管理する〝俺の機〟があります。その整備員が、〝俺の機〟の「機付長」で、部隊によっては機体に機付長の名前を書くんだそうです。

「なんで名前を書くんですか？　自衛隊ってみんな同じ服を着て、同じ物を持ってるからなんでも名前を書きますけど、そういう『持ち物に名前を書く』って意味では……ないですよね。機体番号がありますし」

「機体に機付長の名前を書くのは、『責任の明確化』、『士気の高揚』の2つの目的のためです。名前を書くことで、この機は誰が責任を持って整備しているのかをはっきりさせ、そして機付長に『これは俺の機だ。しっかり管理するぞ』という〝愛機精神〟が芽生えます」

「名前を書くことが機体の安全に、そして整備員のモチベーションにもつながるということか〜。なるほど」

ということで、早速お手伝い。この度、T-4の機体番号646の機付長となった、整備員の豊川祐空士長のお名前を機体に塗装します。

「豊川士長、機付長はこの646が初めてですか？」

「いえ、2機目です」

〝俺の機〟は1機だけでなく、同時に2機の機付長となることもあるそうです。「機付長というからには、整備の大ベテランが務めるんだろうな〜」と勝手にいぶし銀な年配整備員さんをイメージしてましたが、豊川士長は入隊3年目の23歳。機付長は中級レベルの整備員が務め、機の管理という責任感とともに整備経験を積み、上級へとレベルアップしていくんだとか。

塗装する文字は、「Crew Chief」（機付長）、「S/AMN」（空士長）、そして「豊川祐 Toyokawa Yu」の3つ。塗料をスプレーして塗装するので、まずシールを文字の形に切り抜いて型紙を作ります。……ってちょっと待って。シールを文字の形に切り抜くなんてそんな器用なことできないんだけど……と思ったら、今はパソコンで文字を打てば切り込みを入れてくれるマシンがあるそうで、あーよかった。

「では、切り込みが入ったシールから、いらない部分をカッターで取り除きます」

塗料をスプレーする型紙なので、シールから文字の部分だけを取り除くんですが、難関は漢字の空間部分。例えば、岡田の「田」は外の□と中の＋は取り除かなきゃいけないのに、□と＋で囲まれた小さな4つの■は残さなきゃなんです。なので、豊川士長の「川」は簡単なんですが、問題は「豊」……。

「わー豊って残さなきゃいけない空間が多すぎる！　しかも小さいし！　んー、いっちょ名前変えません？」

「いや、すみません……」

ふと、周囲にいる入間基地広報さんや整備隊の隊員さんの名札を見回すと、「ああ、『島』も難しそうだなぁ、『亀』は絶対無理だ失敗する！」などと名前を「文字の形」で認識し始め、そう考えると長い名前も大変だなー、長宗我部元親が機付長になったら苦労するだろうなー。

「あとこれ明朝体？　行書体？　フォントもくせ者ですよね……。ゴシック体なら簡単なのに、とめはねのクイッとなった筆遣いが……■の形も独特だし……うーん、フォントの癖が強い」

ブツブツ文句を垂れながら「豊」の文字を崩さないように、たくさんの小さな■を取っちゃわないように、ちょっとずつちょっとずつ取り除き……ベリッ。

「わー！　全部の空間取っちゃいました！　取り返しのつかないことを!!」

「大丈夫です！」

全部取れてしまった癖が強い小さな■を、器用に元通りに貼り直す豊川士長。すげー、やっぱ整備員さんって器用なんだなぁ。私が整備員になったら2秒でT-4ぶっ壊すんだろうなぁ。

全ての文字が完成したら、その上から透明なシートをペタッと貼ります。そしてシールの台紙をめくり取ると……。

「あーなるほど！　文字を切り抜いた外枠、そして苦労させられた空間がシートに全部残って型紙ができるんですね」

「はい、これを機体に貼ります」

出来上がった型紙を持って、格納庫へ。そこには2機のT-4がいました。1機は豊川士長がすでに機付長を務めている、機体番号796。コックピットの左下には豊川士長のお名前が塗装されています。そしてその奥には、豊川士長が2機目の機付長を務める646。これから私が、さっき作った型紙で塗装します。

見本を見ながら、上から「Crew Chief」、「S/AMN」、「豊川祐 Toyokawa Yu」の型紙を貼り付け。シートをはがすと、文字を切り抜いたシールだけが機体に残ります。そして、いよいよ塗装。

「本当に……やっちゃっていいですか!?」

「はい」

「では……いきます!!」

黒の塗料スプレーを手に持ち、ホンモノの実用機に、いざスプレーを……ブシュ〜〜〜〜〜!!

「やっちゃった……塗っちゃった……ぴっかぴかのT-4に黒いスプレー掛けちゃった……なんだろうこのそこはかとない背徳感……いや、れっきとした業務なんだけど……」

待つこと10分。カラッと晴れた気持ちのいい空気で、塗料もカラッと乾きました。ドキドキしながらシールの型紙をゆっくり、ゆっくりはがしていきます。

「どんなことになってるんだろう……。あ、ごめんなさい……塗料の量が多かったんですね……ここ、垂れた塗料が機体に付いちゃってる……」

「それは大丈夫です。薬剤で拭けば落ちますから」

「あー良かった」

外枠の型紙シールをはがし、細かい■を慎重に取り除くと……。

「できました～！」

意外や意外、垂れた塗料以外はきれいに塗れてます。これ、いけるんじゃね？

「あのこれ、私がやったこの塗装のまま飛ぶんですか？　消して塗装し直したりとか……？」

「いいえ、このまま使いますよ」

「えっ⁉　ほんとに使ってくれますか⁉」

「はい、残しますよ」

「うおー！　うれしー‼」

ということで皆さま、もしイベントなどでT-4の646を見かけましたら、ぜひコックピット左下部分に書かれた「豊川祐」のお名前を要チェックです！　これ、私が塗装しました‼

「豊川士長、機付長1機目の796は自分で塗装をしたんですよね？」

「はい、しました」

「自分の名前を機体に塗装するのって、めっちゃうれしくないですか？」

「796の機付長が決まって名前を塗装したときは、家族に報告しました。とても喜んでくれてうれしかったです」

「ですよね～。家族どころか親戚中に自慢したくなりますよね。私だったらインスタ映え満点な写真撮ってSNSでばらまきまくりますけど……いや、機体の写真をSNSなんかにほいほい載せちゃダメなのか。んーかなりの忍耐だ」

機体に自分の名前を塗装する。これは、航空機の安全性を確保する整備員にとって、大きな責任感が心にポッとともる、大事な大事な〝儀式〟なのかもしれません。責任に対する誇らしさも、責任に対するプレッシャーも大きくのしかかってくるのでしょうが、同時に〝俺の機〟という仕事に対する誇らしさも、胸の中にじんわり熱く広がっていくような……塗装した「豊川祐」の文字を見て、そんな気がしました。

「初めての機付長だけじゃなくて、これ、2機目でも塗装はうれしいもんですよね。あれ、そう考えると私、大事な儀式を奪っちゃいました？」

「いえいえ、大丈夫です」

23歳の若い豊川士長。同僚の深谷和希空士長はもっと若い21歳で機付長を務めていて、もちろん〝俺の機〟に名前が塗装されています。

「深谷士長……21歳で〝俺の機〟持ちですか……。え、ひょっとして、車買って〝俺の車〟持ちになる前に、〝俺の機〟持ちになってたり……？」

「言われてみればそうですね」

「すげーなんだそれ！　やっぱ、〝俺の機〟ってほかの機よりも思い入れは強いですか？」

「もちろんほかの機も大事なんですけど、自分の機はより愛着が湧きますね」

整備主任の杉山3佐は、機付長を「いわば〝機のお母さん〟です」と例えました。なるほど、「お母さん」か。よその子どもも大事だけど、自分の子どもはより大事。そして自分の子どもには大きな責任があり、同時に大きな愛を注いでいて……。そう考えると、機体に書かれた名前は、深い深い愛の証しなのかもしれません。

滑走路では、T-4が太陽の光をいっぱいに浴びて、1機、また1機と飛び立っていきます。陽の光でキラキラ輝く機体を見送った整備員さんの眼差しは優しく穏やかで、「いってきまーす！」と家を飛び出した子どもの背中を見つめるお母さんのようでした。

黒スプレーをブシュー!!　周りの機体やコックピットのキャノピーにスプレーが掛からないよう、あらかじめ紙や毛布で覆っています（岡田がやらかしそうなので、いつもより多めに覆っています）

名前を塗装したT-4、そして豊川士長（中）、深谷士長（右）。ほら、めっちゃキレイに塗装できてるでしょ！？

ブルーインパルスもT-4です

今回塗装した「T-4」という飛行機。この「T」はトレーナー（教官）やトレーニング（訓練）の「T」です。……と分かれば、「なるほど、T-4は練習機なんだな」というのが理解しやすいですよね。ちなみに、本文にちらっと出てきた「U-4」という飛行機は多用途支援機で、ユーティリティーの「U」です。

T-4は練習機という名前の通り、練習用の飛行機。操縦の訓練で飛行するときとかに使っています。ちなみに、オリンピックやイベントでアクロバット飛行をする航空自衛隊の「ブルーインパルス」の機体もこのT-4。ほかのT-4とは違って、ブルーインパルスは青と白で塗装されています。こちらのブルーインパルスはこの後のお手伝いで登場しますのでお楽しみに！

COLUMN

楽譜の管理

陸上自衛隊 東部方面音楽隊

2018年6月お手伝い実施

今回お邪魔したのは、東京都と埼玉県にまたがる陸上自衛隊朝霞駐屯地。の東部方面音楽隊。音楽隊はよくお目にかかるので親しみがあり、これまでのような戦々恐々感はありませんが、んでも音楽隊……私が何をお手伝いできるんだろう……。

向かったのは、約3000曲の楽譜が詰め込まれた棚がずらーっと並んでいる「楽譜室」というお部屋。トロンボーン奏者で企画係長の阿部芳幸陸曹長がお出迎えしてくれました。

「先日、東部方面音楽隊は定期演奏会を行いました。今日は演奏会で使った楽譜を整理して収納していただきます」

楽譜を整理して収納……って棚に入れるだけ？　だったら簡単じゃん！　という図式が脳ミソをよぎりかけましたが、この連載で「簡単じゃん！」が簡単で終わったためしはありません。きっとなんかややこしいことがあるんだろうな。

と、やっぱり少し戦々恐々しながらお手伝い開始。楽譜係の渡邉奈津子3等陸曹、浅井美帆陸士長（お2人ともクラリネット奏者）が大きな封筒を持ってやってきました。

「演奏会が終わると、全員から楽譜を回収します。それがこの封筒に入っています。今はただ集めただけのバラバラの状態なので、順番に並べてください」

「どういう順番ですか？」

「こちらに書いてある順番で……」

「あー、なるほど」

楽譜には、トランペットやサックス、ホルンなど全てのパートがまとめて書かれている「総譜」と、総譜から各パートを抜き出した「パート譜」があります。このパート譜を各奏者が使い、バラバラに回収しているので、総譜に書かれているパートの上から順に並べて収納するんだそうです。

渡された楽譜の曲は、『スラヴァ！』。これ、とっても楽しい曲なんだよね～とちょぃと音楽に造詣が深いフリをしましたが、家に帰ってからユーチューブで初めて聴きましたすみません。

封筒から出されたパート譜の束。えーっと、これどこから手をつければいいんだ？　パートがたくさんあって、さらに各パート譜も人数分あるからすごい枚数……。

まごまごしていると、「とりあえず、手に取った物から並べてみましょうか」と渡邉3曹。パート譜には左上に楽器の名前が書かれていて、それを頼りに……ってこれ英語じゃん！　カタカナで書いてくれたらいいのに！

「えーと、これはトランペット……は、ホルンの次か。ホルンってさっき見た気がする……あ、これだ。んで、これはクラリネット……で、サックス、今度はトロンボーン……あれ？」

楽器の名前を頼りに、とはいうものの、トロンボーンもファースト、セカンド、サードとパートが分かれていて、ホルンも普通のホルンとイングリッシュホルンがあって、サックスもソプラノにアルトにテノールに……ああもう！

「で、次は……ストリングベース……？　なんですかこの楽器？」

お隣の渡邉3曹に聞くと、

「コントラバスです。吹奏楽で使う唯一の弦楽器で……」

「あー！　長さんが弾いてたヤツですか？」

「チョー？　サン……？」

「若い子に古い話をしてしまいましたごめんなさい忘れてください」

離れたとこで会話を聞いていた阿部曹長が「そうです、いかりや長介さんが弾いていた楽器です（笑）」と助け舟を出してくれ、ああ、同世代ってありがたい。

「えーっと、ピッコロはフルートの前だったよな……。あれ？　ホルンの後がなんだっけ？　さっき見たぞ？　あれ、クラリネットどこ行った？」

もう、しっちゃかめっちゃか。になりつつも、渡邉3曹の助けを借りながらなんとか完成！

「できました！　たぶん間違ってないと思います！　間違ってたら次出すときに大変ですけどす

みません！」

並べ終わった楽譜の束を、青い「楽譜整理袋」に入れて棚に収納。なんですが、棚には「軽音楽（ポップス）」とか「行進曲」とか「ニューサウンズ」とか書かれたいろんな棚があって、はて……。

「これってどこに収納するんですか？」

「クラシックの場合は作曲家のアルファベット順に格納します。『スラヴァ！』の作曲家はBernsteinなのでBの棚です」

……で、収納完了！　あー終わったあああ!!

「では次、この楽譜です」

「えええええまだあるの!?　まあそうか、演奏会って何曲もやりますもんね」

次の楽譜の曲は、『魔女の宅急便』。うん、これは知ってる。

「えーっと、これはトロンボーン……は、このへんで……あれ？　この右上に書いてある番号って……ひょっとして全パートの通し番号ですか？」

「今はやってないんですけど、以前の楽譜係が書いたようです」

「ってことは、この曲はただ番号通りに並べればいいのか！　超簡単！　ボーナスステージ!!」

楽器の名前は一切見ずに、ひたすら番号で並べ替え。

「いやー、ほんとこの番号振ってくれた方に超お礼言いたいですね～。えーっと、ここに34、35
……と。終わりました！」

「では最後に確認してください」

渡邉3曹にうながされ、パート譜の束と総譜を見比べながら、全部のパート譜があるか確認します。

「ん〜〜？　バスーンがない……？」

「ないですか？」

「あれ？　でもないわけないですよね？」

「ということは出し忘れですね」

「出し忘れ？」

「楽譜を回収するときに、たまに出し忘れてしまう人がいるんです。演奏時に楽譜を挟むファイルに入れたままになっていたり、2枚重なっていて別の曲の楽譜と一緒に出してしまっていたり」

「なるほど」

「後でガサ入れに行きます（笑）」

「ガサ入れ!?」

確認した結果、バスーン、セカンドトランペット、サードトランペット、ユーフォニアムがありませんでした。こんなに出し忘れが……？　と思っていると、阿部曹長が「実は、岡田さんにガサ入れまでやってもらおうとあえて仕掛けていたんですよ。では、ガサ入れに行きましょう」。

音楽隊には、楽器ごとに「各奏室」という練習用の部屋があり、東部方面音楽隊には第1〜14

の各奏室があります。クラリネットの第6各奏室に入り、浅井士長の譜面台に置いてある演奏用のファイルを開くと……。

「あったー！　バスーン、セカンドトランペット、サードトランペット、ユーフォニアムの楽譜！」

「今回は浅井士長のファイルに全てまとめておきましたが、こんな感じで楽譜のない楽器の各奏室をガサ入れすると見つかるんです（笑）」

押収した楽譜を楽譜室に持って帰って、順番に並べ、軽音楽の棚に収納して……完了！　この後、新規で購入した楽譜の楽譜整理袋をてんやわんやで作製し、本日のお手伝いは全て終了しました。

「これが『楽譜係』のお仕事なんですね〜。こんな面倒なこと、どこの楽団でもやってるんですか？　自衛隊だからきっちりかっちりやってるということではなくて？」

阿部曹長に聞くと、「どの楽団でも同じようにきちんと収納していると思います」との返答。

「ただ、プロの楽団には『ライブラリアン』という専門職がいるんです。しかし、自衛隊の音楽隊では奏者が楽譜係を兼務し、楽譜の整理・収納をしています」

「阿部曹長は『企画係』なんですよね？　どんなお仕事なんですか？」

「主に演奏会のプログラムなどの企画です。演奏したい曲の楽譜がなければ、編曲ができる隊員に依頼して演奏できるようにもします。小学校での演奏会では、その小学校の校歌を編曲して演奏したりするんですが、みんな大きな声で一緒に歌ってくれるんですよ」

通常、自衛隊の各部隊には総務、人事、訓練、補給などを担当する部・課・係があります。音楽隊も同様なんですが、音楽隊にはプラス「楽譜係」と「企画係」という独自の係が。音楽隊員は全員が奏者でありながら、こういった『部隊運用のお仕事』を持っていて、自分たちで音楽も部隊も作り上げています。さらには編曲をしたり、楽器を運んだり、楽器や隊員を乗せた車両を運転したり……。

「そういえば、今日はなんだか人けがなくガランとしてますけど、皆さんどこかでお仕事をされているんですか？」

「今日は警衛なんですよ」

駐屯地では、所在する部隊が持ち回りで、門の出入りなどの警備をする「警衛」というお仕事をしていますが、今日は東部方面音楽隊が朝霞駐屯地の警衛お当番とのこと。部隊のお仕事だけでなく、こういった駐屯地のお仕事もありますし、有事となれば音楽隊員は警備任務に就くので当然そのための訓練もあります。

「音楽隊って、演奏してる姿しか目にすることがないですけど、演奏以外のお仕事もたくさんなんですね……」

そう考えると、音楽隊って「ザ・自衛隊」だよなー。人目に触れる、光の当たるシーンはほんの一部で、その陰にたくさんの地味なお仕事があって……ってこれ、この連載の趣旨そのものだ。

自衛隊の中で〝異色〟と捉えられがちな音楽隊。でも、光の当たる演奏はたくさんの陰のお仕事によって輝いていて、音楽隊特有の華やかさが大きいだけに、その光と〝陰〟のシンフォニーこそ、「まさに自衛隊！」と感じました。

これまでずっと、「自衛隊の地味なお仕事も見て！　知って‼」とこの連載を続けてきましたが……音楽隊の演奏は、そんな〝陰〟は忘れて、ただただ純粋に〝光〟だけを楽しんでいいのかもしれません。だってそれは、ただただ実直に〝任務達成〟を追求し、日々の〝陰〟をがんばっている音楽隊員、そして自衛官たち全員が、きっと望んでいることだから。

「音楽隊にとってこの楽譜室は、ほかの部隊にとっての弾薬庫のようなものです」と阿部曹長。なるほど、楽譜は大切な“弾薬”なのか、そりゃちゃんと管理しなきゃだよなぁ……んでもややこしい！！

お疲れさまでした！

前列左より隊長の加藤3佐、渡邉3曹、浅井士長、後列左より加藤2曹、阿部曹長、遠藤3尉。演奏のように明るく楽しい皆さんでした！

音楽隊にまさかの〝楽器〟が

さまざまなイベントで演奏を行っている、音楽隊。中でも最も大きなイベントは「自衛隊音楽まつり」です。２０１９年は11月30日・12月1日の2日間にわたって行われ、私も見に行ってきました。陸・海・空の音楽隊だけでなく、アメリカ軍やドイツ軍など海外の軍楽隊も参加し、また防衛大学校儀仗《ぎじょう》隊によるファンシードリル、全国各地の駐屯地・基地の太鼓チームが集結した自衛太鼓など、プログラムも多彩。動画サイトの自衛隊公式チャンネルにも音楽まつりの動画がたくさんあるので、ぜひ見てみてください。

19年は秋に台風被害による災害派遣が行われました。太鼓チームにいる知人も災害派遣で活動していて、太鼓の練習時間なんかまともに取れなかったと思うんですが、音楽まつり本番では圧巻の演舞を見せてくれました。音楽まつりには裏方の隊員も参加しているんですが、その部隊も直前まで災害派遣を行っていて、みんな大変な中、よくこんなステージを作り上げたなぁ、すごいなぁ、と感慨深く見させていただきました。

たくさんの部隊がいろんな曲を披露する中、陸上自衛隊北部方面隊は「千本桜」を演奏。イン

COLUMN

トロで1人の男性隊員がマイクを持って中央へ進み、「へー、千本桜を男性が歌うんだー」とワクワクしていたら、マイクを構えた隊員が始めたのはボイスパーカッション。歌わへんのかーい！　ボイパかーい！　と心の中で盛大に突っ込みました。

チホンの広報活動

群馬地方協力本部

2018年8月お手伝い実施

8月4日、群馬県は桐生市に向かう車中。今回はページ倍増のスペシャル版だというのに、岡田さんはかなり憂鬱《ゆううつ》です。過去16回、いろんなお手伝いをしてヒーヒー言いまくってきた岡田さんですが、今回はこれまでと比べものにならないくらい憂鬱です。なぜなら今回のお手伝いは、この記録的猛暑・酷暑にもかかわらず「きぐるみに入ってください」というものだから。いや死ぬって！　比喩じゃなくてマジで死ぬって!!　この日、桐生市の最高気温は37度。お父さん、お母さん、先立つ不孝をお許しください……。

こんな鬼なお手伝いをオファーしやがった……もとい、してくださったのは、群馬地方協力本部。「地方協力本部」略して「地本」とは、全国の都道府県にある、自衛隊と地域とを結ぶ窓口的な組織。陸・海・空の自衛官が一緒に勤務していて、広報活動や隊員の募集活動を行っています。ちなみに予備自衛官も地本の所属で、東京都に住んでいる私は東京地本所属の予備自衛官です。

この日は桐生市中心部で「桐生八木節まつり」という大きなお祭りが行われ、群馬地本がお祭

り会場に広報ブースを出すとのこと。ブースには、群馬地本のマスコットキャラクター「だるまん」のきぐるみも登場する予定で、群馬地本の募集課長から「岡田さん、だるまんの中に入ってください」とオファーをいただき、桐生市に向かうことになりました。

「岡田さん、ほんとに倒れないでくださいね……」

「いや、そうしたいのはヤマヤマなんですけど……」

取材陣に心配されまくる車中。一応、熱中症対策に大量のスポーツドリンクと、塩分・ブドウ糖のタブレットも大量に用意してはいますが、不安はぬぐえません。

「で、『だるまん』って何者なんですか？」

「群馬県には『高崎達磨《だるま》』という特産品があるので、だるまのキャラクターで『だるまん』のようです」

「だるまのだるまん……。どんな動きすればいいんですかねぇ。きぐるみに入るの自体初めてだし、だるまんのキャラ設定も知らないし……」

「群馬地本の公式サイトによると、だるまんの性格は『好奇心旺盛でいたずらっ子』だそうです」

「『好奇心旺盛』は私と一緒だからまあ大丈夫かなぁ。あとは『いたずらっ子』か……。んー、募集課長のお茶にハバネロでも入れたらいいんですかね？」

「絶対ダメです」

なに一つ解決しないまま、現場に到着。快晴にもほどがあるジリッジリな日差しの中、桐生駅前の群馬地本広報ブースに行くと、募集課長の赤田賢司2等空佐、太田出張所長の渡邉純2等海尉がお出迎えしてくれました。

「今日、このブースでは制服試着体験、ＶＲゴーグルによるブルーインパルスのパイロット体験を行っています」

「えええ⁉　ブルーインパルスのＶＲ⁉　そんなのあるんですか⁉」

「やってみますか？」

ＶＲゴーグルを着けると、視界には操縦席からの眺めが。頭を動かせば視界も動き、おお、これ楽しー！

「いいですね、これ」

「そして制服試着体験はこちらです。子ども用の陸・海・空迷彩服を用意していますので、ご希望のお子さんが来られたら着せてあげてください」

「じゃあまずそのお手伝いやります！」

で、やって来たのは、お母さんに連れられた幼稚園くらいの男の子。

「どのお洋服がいい？　陸・海・空、どれにする？」

「？？？」

「ああごめん、リクカイクウとか言われても分かんないよね。この緑色のと、青いのと、グレーの、どれがいい？」

「うーんと……えーっと……」

「あ！　青のおズボンはいてるから、青の海上自衛隊にしようか？」

「うん……」

うつむいてもじもじする男の子に着せてあげて、袖をまくって長さを調節。

「はい、できた！　おおー、超かっこいいよ‼」

「かっこいいよ」の言葉に顔を上げて、男の子はパアッと笑顔になってくれました。お母さんも笑顔で写真撮影をし、よしひと仕事完了！

振り向けば背後には親子連れが行列を作っており、おお、これは大忙しだと次から次に着せては脱がせ……。

「では岡田さん、次はこのパンフレットとうちわ、シールを配ってください」

「分かりました！」

制服試着体験は地本の隊員さんにお任せして、群馬地本オリジナルのパンフレット、うちわ、シールを配ろうとすると「パンフレットください！」、「私、うちわ！」、「シール、子どもの分もいいですか？」。わあっとお客さんたちに取り囲まれ、配るというより伸びてくる手にほいほい渡し続けたらあっという間に空っぽに。

「すごい、自衛隊さん大人気ですね～」

「ありがたいですね。では岡田さん、そろそろ……」

「あ、来ましたか。だるまんですか」

「はい」

渡邉2尉に案内されて、駅構内にあるお祭り関係者用の一室へ。

「ああああああクーラー涼し〜〜〜〜。だくだくの汗がすーっと引いていきますね。で、だるまんってどれですか？」

「これです」

「うああああああああ暑そおおおおおおおおおおお」

どっぷりな布でできているだるまん。これ、着るんですか……この酷暑で……37度で……。

「では、靴を脱いで足をここに入れてください。そして肩にこれを通して……」

てきぱきとだるまんを着せてくれるのは、広報室の日高麻由美3等海曹。だるまんはサイズ的に男性が入るのは厳しく、広報室勤務の歴代の女性隊員がだるまんの中の人を担当しており、現在は日高3曹が中の人をやっています。

「日高3曹、私、きぐるみに入るの初めてなんですけど、どう動いたらいいんですか？」

「大袈裟に大きく動いてください。特にだるまんは動きが伝わりづらいので」

「確かに。この手ですもんね」

だるまんは、本体の低い位置に小さな手がちょこんと付いています。ので、自分の手を中に入れるのではなく、だるまんの手に棒が刺さっていて、その棒を操作する仕組みです。なるほど、だるまんは手の可動域が小さいから、体全体で大袈裟に動かなきゃなのか。

レクチャーをしながらも、わさわさといろんな部品を装着してくれる日高3曹。

「岡田さん、このひもを引いてください」

「これですか？　てか背中のこれなんですか？」

「バッテリーです」

「バッテリー？」

「だるまんは下から2つのファンで風を送って膨らませているんです。背中にファンのバッテリーを着けます」

「へー、そんなことになってるんだ」

バッテリー、ファンを装着し、布をかぶってスイッチオン！　背中のファスナーを閉じるとぶわーっと布が膨らんでいき、だるまん誕生！

「岡田さん、これからはもうしゃべらないでくださいね」

「はい、分かりました！」

「いや、しゃべっちゃダメです」

「あああ、すみません！」

「いや、だから……」

残念ながら好奇心旺盛な岡田さん。でもそうだよな。きぐるみがセルフでしゃべって成立するのは船橋の梨の妖精くらいのもんだよな。よし、もう何があってもしゃべらねーぞ。

「では行きましょう」。日高3曹に引っ付いて、寡黙にぎこちない足取りで関係者部屋から表に出ると、通行人たちが一斉にこちらを振り向きました。そしてその全員が、笑顔、笑顔、笑顔。

何これすげー！　私、こんなにたくさんの人を笑顔にしたの生まれて初めてだ！　いや笑顔にしてるのは私じゃなくてだるまんだけど！　でもうれしい!!

「だるまん、一回止まってね～。写真撮ってあげて～」

視界の悪さをフォローしてくれている日高3曹に言われて立ち止まり、目線を下げたところに見え隠れする子どもたちと記念撮影。そういや日高3曹、さっきまで敬語だったのに今はスムーズにタメ口だなぁ。うーん、この切り替えのスゴさ……さすがだるまんのプロ。

「だるまん、もうすぐ段差があるよ～。はい、1歩、2歩、次だよ～」

うーん、誘導も的確。さすがだるまんのプロ。親切な誘導一つひとつに「ありがとうございます！」って言いたくなるけどガマンガマン。

えっちらおっちら歩いていると、本当にたくさんの人が笑顔で手を振ってくれます。こちらも手を振り返し……あれ、反応がないな……ああそうか、きぐるみには視線がないから手だけを向けるんじゃなくて体ごと向けないと「あなたに向かって手を振ってます」が伝わらないのか、よし、体ごとえいっと向けて手をぶんぶん……おー、気付いて両手で手を振ってくれた！　うれしいいいいいいい!!

写真撮影したり、手を振ったり、握手をしたり……その度に、周りにいる地本隊員の日高3曹たちが「自衛隊群馬地本のキャラクターです」、「だるまん、っていう名前だよ〜」、「そこに自衛隊ブースがありますので、ぜひ！」と気さくに声を掛けます。なるほど、きぐるみってこんな目を引くから、こうやってさらっと広報できるんだなぁ。きぐるみすげー。

ってか地本の皆さん、ほんと声の掛け方がお上手です。日高3曹は1年前まで艦艇勤務で、ほかの皆さんもフツーに部隊勤務してたはずなのに、いつの間にこんなワザを身に付けるんだろう……。

えっちらおっちら歩き続けて、ようやく広報ブースに到着。相変わらず写真撮影したり手を振ったり握手したり愛想振りまき、道の向こうの人にも「ブースに寄ってって〜！」とジェスチャーで訴え、あ、あの人ビール飲んでる……いいなあビール……いかんいかん、私は今だるまんだ。ビールは飲めませんが、それよりもうれしいのがお客さんたちからのひと言。写真撮影、握手、通りすがりの人たちが「暑くて大変ですよね」、「暑いのにお疲れさまです」、「暑いけどがんばってね」と次々声を掛けてくれて……桐生の人めっちゃいい人！「きぐるみだからって殴られたりタックルされたりしたらどうしよう」とか思ってたけど、殴られたりタックルされたりしたらどうしようとか思ってた私を殴ってタックルしたい!!

超アゲアゲテンションでだるまんになりきってると、取材スタッフが心配そうな顔で近づいて来ました。そしてお客さんがいない隙に小声で「岡田さん、体調大丈夫？」。

「それが意外と大丈夫なんですよねぇ」

「……そうなの？？」

もちろん、大汗はかいています。きぐるみに入ってて拭えないのでただひたすらダラッダラです。状況的には剣道と同じです。でも、下からはだるまんを膨らませるためのファンが回っており、熱風とはいえ風通しがあり、おまけに全身覆われてるから直射日光は完全に遮られていて……いやこれマジで生身より全然マシだわ。酷暑も過ぎるときぐるみのほうが快適だとは。いや、ファンがなければ地獄なんだろうけど……。

クーラーの効いた関係者部屋に戻り、背中のファスナーが開けられ「ぷはー！」と顔を出すと、お祭り関係者の皆さんから「お疲れさまでした～」、「暑かったでしょう!?」と拍手をいただきました。とってもうれしいんですけど、ほんとそこまでではなかったんでちょいと恐縮……。

「岡田さん、そろそろ〝ブルー〟の時間です。〝コントロール〟に行きましょう」

「あ、もうそんな時間ですか？」

実はこの日、大イベントが待ち構えていました。それは、航空自衛隊ブルーインパルスの展示飛行。桐生八木節まつりを盛り上げるためにブルーインパルスがやってくるということで、関係者部屋でも桐生市職員の方から、「今日、群馬県で初めてブルーインパルスが飛ぶんです！　ずっと待ってたんです！　みんな楽しみにしてるんですよ！」と超アツく語られました。

赤田2佐、渡邉2尉、日高3曹と向かったのはお祭り会場中心部の、とあるビルの屋上。ブルーインパルスが飛行するための、臨時の「コントロール」（ブルーインパルスを統制するための指揮所）が設けられ、無線設備などが置かれていました。展示飛行を目前に控え、ブルーインパルスのクルー、無線を担当する航空自衛官がてきぱきと作業をしています。

「ブルーが飛ぶときって、こんな臨時の指揮所も作られるんですね。言われてみれば当然なんですけど……知りませんでした」

渡邉2尉に話しかけると、「この指揮所をどこに置くのかも、地本が市の職員と調整をするんです」。

「ああそうか、自衛隊と地域との窓口になるのが地本だから、こういうお仕事も地本の担当なのか。渡邉2尉もこの調整を？」

「はい。赤田2佐と一緒に、指揮所を置く場所はどこがいいのかを市の職員と話し合い、ビルの管理者にお願いをしました。実際にブルーのパイロットにも来てもらって、問題がないか確認もしたんですよ」

「なるほど〜。指揮所を置くにもたくさんの準備がいるんですね」

「その前に、まず展示飛行が実現するための準備があります。桐生市と連携し、群馬県や警察、消防、さらに近隣の市町村とも調整が必要です」

「わー、ブルーが飛ぶのってそんなにあれこれやらなきゃなのか……。20分の展示飛行のために、長期間かけて準備されてきたんですね……」

群馬県での初のブルーインパルスの飛行のために、これまでずっと奔走してきた赤田2佐、渡邉2尉。で、赤田2佐は今何をやっているかというと、ブルーインパルスの解説をするため地元のラジオ番組に生出演するんだそうで、屋上の一角にある中継ブースにヘッドセットを着けて座っています。地本のお仕事っていろいろだなぁ。

「皆さまお待たせしました！」

お祭り会場でアナウンスを担当するブルーインパルス所属のパイロットがマイクで第一声を上げると、会場全体からわあっと大きな拍手が湧き起こりました。ビルの屋上から通りを見下ろすと、会場を埋め尽くす人の全員がキラッキラの笑顔で空を見上げています。子どもを肩車したお父さん、浴衣姿のカップル、スマホを構える女子高生たち。ベビーカステラ屋のおばちゃんも、商売そっちのけでテントから出て空を見上げています。周囲を見渡すと、ビルの屋上すべてに人が溢れていて、マンションのベランダには家族・親族が鈴なりに。桐生のみんなが笑顔で、今か今かとブルーインパルスを待ち構えています。

「来た!!」

遠くからジェット音がやってきて、６機のT-４が白いスモークを引っ張りながら姿を現しました。大人たちは手をたたき、スマホを掲げ、子どもたちは一斉に空を指さします。

しかし、おそらく、この中の誰よりも笑顔で空を見上げていたのは、お隣の渡邉２尉。すべての展示飛行を終え、空の向こうに帰って行く6機のT-４を見送った渡邉2尉は、屋上の柵から身を乗り出さんばかりにして会場のお客さんたちを眺め、穏やかな笑顔で手を合わせるように小さく拍手をしました。

「無事に終わってほっとしました。感無量です」

展示飛行が終わったお祭りの通りを、制服を着た地本の皆さんと歩いていると、すれ違うお客さんたちから「自衛隊さんありがとうね」、「カッコ良かったです！」と度々声を掛けられました。自衛隊さん、こんなに喜ばれたんだ。こんなにお祭りを盛り上げたんだ。

感慨深く喧騒《けんそう》の中を歩いて広報ブースに近付くと、一足先に戻っていた赤田2佐が「ブルーインパルスの操縦動画をVRで体験できますよおおお〜！」と大声張り上げてちょこまか呼び込みしており……募集課長自らハンパねーな。

「赤田2佐、特徴的な頭からすごい量の汗が流れてますけど、この暑い中そこまでやらなきゃなんですか……」

「高校生の募集解禁日が7月1日なので、募集広報は夏が勝負なんです。今日、ブースに来てくれた子どもたち、ブルーインパルスを見てくれた子どもたちも、将来自衛隊に興味を持ってくれるかもしれませんから。少しでも自衛隊を知ってもらう機会を増やすために、暑い時期に全員でがんばっています」

「どうりで、地本隊員さんたち皆さん真っ黒に日焼けされてるワケだ。この日焼けさ加減はどの部隊にも負けてないだろうなぁ」

私もこうして自衛隊のことを書くライターを、そして予備自衛官をやっていますが、広報の重要性はヒシヒシと感じています。募集広報はもちろん、それ以外を目的とした広報も。例えば、予備自衛官が訓練や災害・有事で招集に応じることができるのは、予備自衛官と同じ職場の方やご家族が、さまざまな広報活動を通じて自衛隊を理解してくれているからですし、また災害・有事の現場で自衛隊がスムーズに活動できるのも、国民の自衛隊への理解があってこそです。

広報は、継続して初めて実るお仕事。地道で地味なのに、すぐに結果が出ることはなく、未来にしか成果が見えないお仕事。でも、未来の日本を守る大切なお仕事。

ブースで笑顔を見せてくれた子どもたち、ブルーインパルスに目を輝かせた子どもたちはきっと、今以上に平和な日本を作り、この笑顔を次世代につないでくれるでしょう。

身長165センチメートルの私でも、だるまんは少々窮屈。真っすぐ立つとだるまんがふんぞり返る体勢になってしまい、日高3曹が「だるまん、少し下向こうか～」と度々アドバイスをくれました

試着体験お手伝い。男の子たちとは違い、女の子たちはみんな「私、緑！」と即決で、女子は子どものころから女子なようです

ブルーインパルスの展示飛行をバックに、功労者たちと記念撮影！左から渡邉2尉、日高3曹、赤田2佐。自ら広告塔（広告頭？）を務めている赤田2佐のインパクトはだるまんにも負けていません

地本のぐいぐい自衛隊さん

私はこれまで、たくさんの自衛官さんにお世話になってきました。が、「一番感謝している自衛官は？」と聞かれれば1秒たりとも迷わずマッハで即答できる方がいらっしゃいます。それは、2005年3月に京都地本で募集業務を担当されていた方。

酔っぱらった勢いで予備自衛官補に志願して……というお話はまえがきで触れましたが、私が今こうして自衛隊に関われるようになったのは、私の酔っぱらった勢いともう1つ、27歳だった当時の私が住んでいた京都の地本の方のぐいぐい過ぎる勢いもありました。

酔っ払い特有の謎行動でなぜか自衛隊の募集サイトを開き、「予備自衛官補」という文字を見つけた私は、それがなんなのかまったく分からないのに資料請求フォームに住所と名前を書き込み、送信ボタンをぽちっとしました。なんでそんな知らないところにほいほいと個人情報を書き込んだのか……もし相手が怪しい商売をしている組織だったら、今ごろ家には高級をうたった安っぽい羽毛布団や、やらたと幻想的な色とりどりのイルカの絵が山積みになってたことでしょう。

翌日、ポストを見ると自衛隊の封筒が入っていました。宛名を見ると住所は書かれておらず、

COLUMN

私の名前だけが書かれていて、これはどうやら郵送ではなくここに何者かが来て直接ポストに投函したであろうことが分かりました。

さらにその翌日、ピンポーンとチャイムが鳴り、玄関を開けると制服を着た自衛隊がいました。「なんで家に自衛隊が⁉」とパニクっていると、その自衛隊はやたらとニコニコしながら「資料は見ていただけましたか？」と口を開きました。「封も開けずにほっぽらかしてます」なんて言おうものなら殺されるのではというくらい当時の私は自衛隊を派手に勘違いしており、じゃあなんでそんなとこに資料を請求したんだと言われればぐうの音も出ませんが、とりあえずその場は一刻も早く自衛隊にお引き取り願いたかったので「これから見ます！」とドアを閉めようとしたら、「今ここで志願票を受け付けますよ」なんて自衛隊はぐいぐい過ぎる勢いで、でも私の思いは「お引き取り願いたい」の一点だったので、「後日こちらからお伺いします！」とその場しのぎの返答で、なんとかドアを閉めました。

あーびっくりした。

あ、でも……。私、「後日こちらからお伺いします」って言っちゃったなぁ……。てことはやっぱ行かなきゃだよなぁ……。自衛隊にウソついたらどえらい目に遭うかもしれないもんなぁ……。

どえらい目になんか遭うワケがないんですが、勘違いバカでほんっっっっっっっとうに申し訳ございません。こんなすっとこどっこいなアホ女のことも、自衛隊さんはずっと守ってきてくれていたというのに、とりあえず今土下座しておりますのでお許しください。

「後日こちらからお伺いします」と言ったからには行かなきゃ、ということで、数日後に京都地本の募集案内所へ。「で、予備自衛官補ってなんなのよ？」と気にはなっていたので、資料には目を通していました。が、意味の分からない言葉ばかりでサッパリでした。でも、このころには「なんかサッパリ分かんないけど面白そうかも。受けてみよっかな」という気持ちも芽生えていました。われながら好奇心旺盛にもほどがあります。とはいえ、「でも怖いって無理だって……」という気持ちもモリモリです。

募集案内所に入ると、やっぱり自衛隊はぐいぐい過ぎる勢いで、「もうすぐ募集期間が終わるんですよ」と志願票を持ってきました。「セール終了まであと1日！」と言われたらサイフのヒモが緩むタイプではないのですが、自衛隊のぐいぐい過ぎる勢いに乗っかっちゃえ的な気持ちにもなっており、言われるがままその場で志願票を書き、写真を撮られました。ああ、志願しちゃったよ。

こんな女がその後、なぜか試験に合格し、実際に訓練を受けると「あれ、自衛隊って日本を守ってる重要な組織じゃね？」と遅まき過ぎながらも気づき、そんなお仕事をしてる自衛官さんたちはカッコ良くておもしろくてでもすげーフツーの人間で、そんな彼ら・彼女らが大好きになり、予備自衛官を14年も続け、災害招集にも応じて自衛官として勤務し、さらには自衛隊を取材して記事を書き、自衛隊本まで出しちゃうようになるんだから世の中ってほんと面白いですね。

私は今、予備自衛官を続けることができ、こうして自衛隊の記事を書けることが本当にうれしいです。さらにありがたいことに、読者の方から「自衛隊のことが理解できました」、「自衛隊が好きになりました」とご感想をいただき、「岡田さんの本を読んで自衛官になりました」という方までいらっしゃって、当時ぐいぐい過ぎる勢いで私を自衛隊に引きずり込んでくれた京都地本の募集担当の方にはどれだけ感謝してもしきれません。

当時のぐいぐい自衛隊さん、お名前は忘れてしまったのですが、本当にありがとうございました。てかなんでそんな恩人の名前忘れてんだよ私。

海図の改訂

海上自衛隊　横須賀地方隊　横須賀造修補給所　資材部

2018年8月お手伝い実施

あらかじめ言っておきます。地味な部隊の地味な業務を追っかけてる本連載ですが、今回はこれまでと比べものにならないくらい地味〜〜〜〜です。連載18回史上のキング・オブ・地味です。

今回お邪魔したのは、神奈川県の横須賀市にある海上自衛隊田浦地区の横須賀造修補給所。こちらには大きな倉庫が2つあるのみで、見るからに地味さが溢れていて、というより地味以外の何物でもなく、これまで「どんな地味な部隊でもおもしろく書くぞ！　どんだけ地味だって読者の皆さんに楽しんでもらえる記事にするぞ！」と意気込んでお手伝いに臨んでる岡田さんですら「これはヤバい……本当に地味だ……」と地味な気持ちになってしまう地味力を持っています。

倉庫の中に入り、やたらと急な階段を上がって3階へ。「海図図書」と書かれたお部屋に進むと、資材部資材第2係長の髙畑由美子事務官がお出迎えしてくれました。

「こちらの資材第2係では、教範や潮汐《ちょうせき》表などの図書類や海図などを取り扱っています。今回、

岡田さんには海図の改訂作業をお手伝いしていただきます」

「海図の改訂ですか……。あー、そういえば！」

思い出すのはお手伝い第6回。航空自衛隊の飛行情報隊で、航空路図誌の改訂をしました。あのときは、航空機が使う〝空の地図〟な航空路の図を改訂しましたが、今回は艦艇が使用する〝海の地図〟な海図を改訂するというワケです。

「では、早速始めましょう。改訂に使うのは、この『水路通報』という冊子です。海上保安庁が毎週発行しているもので、海図のどの海域にどんな更新があるのかが書かれています」

「んーーーー読んでもサッパリ分からん」

「ですよね（笑）。この水路通報を分かりやすく、更新しやすくしたものが、この『海図改補用トレース紙』です」

「あーこれならサッパリほどではないですね」

「先ほどの水路通報を図で表したものが、トレーシングペーパーに描かれています。このトレーシングペーパーを使って、海図に直接手で改訂を行います」

「手で直接!?　手書きでやるんですね……」

「もう1つ、『補正図』というものもあります。こちらはトレーシングペーパーではなく紙に印刷されていて、切り取って海図に貼り付けます」

「うん、なんとなく分かりました！」

ってことで、海図の改訂開始。現在、ある艦艇から「ココとココとココの海域のちょうだい」と請求されている海図に改訂しなきゃいけないものが数枚あるとのことで、そのお手伝いをすることになりました。

艦艇で実際に使われる海図に、私が手を加えるのか……もし間違ったこと書いちゃったら大変なことになるなぁ……責任重大だ。

ずら～っと並んだ棚から、まずは東京湾の海図を引っ張り出し、作業専用のテーブルへ。テーブル台がガラスになっていて、中からライトを照らすと紙を2枚重ねても透けて見えるのでトレースしやすい……という、デザイン系のお仕事の方がよく使っているトレース台です。

「えーっと、トレーシングペーパーの上に海図を重ね合わせて、両方の緯度経度の線を合わせればいいんですよね……この辺かなぁ～。お、ピッタリ合いました！　で、これは何を改訂するんだ？　『土砂投入地』……？」

「この海中に土砂が投入されました、という更新ですね」

「なるほど。知らずに大きな艦艇が入っちゃったら底が引っ掛かっちゃうかもしれませんね」

土砂投入地は点線で表します。定規を使って、細い赤ペンでトレーシングペーパー通りの点線をちまちまなぞり、小さな小さな字で「土砂投入地」、そして英訳の「spoil ground」も記入。

「はいできました！　いっちょ上がり！」

「まだです。ここも更新してください」

「あ、１カ所だけじゃないのか……。今度はなんだ？」

「ここも土砂投入地です」

「なんでこんなに土砂を入れるかなーもう！」

さっきは千葉県側の海岸でしたが、今度は神奈川県側の海岸。神奈川県側は土砂を投入したことにより等深線（海底の起伏を表した、陸地でいう等高線のようなもの）も変わってしまったので、土砂投入地の点線だけじゃなく等深線も改訂します。

「元々の等深線の数字は斜線で消してください。トレーシングペーパーに書いてある通りに書けば大丈夫です」

「えーっと、これは消していいんですよね？」

「そうです、細かくて分かりにくいですが……」

「あーこれほんと細かい!!　……よし、これでいいですか？」

「あと『spoil ground』も書いてください」

「ああそうだ英語もだ。ここに書けばいいのかな……ああ、『大津湾』の『湾』の字が邪魔!!」

畳一畳はあろうかという大きな大きな海図ですが、いろんな情報がビッシリ書き込まれていて文字はとってもとっても小さく、これ、書くんじゃなくて読むだけでもイライラするわ……。

「はい、できました！　斜線とgroundの「d」がちょっとかぶってしまっちゃいましたが……でも読めますよね」

「では最後に『この海図の改訂が終わりました』という記録を書きます。黒ペンで海図の左下に、トレーシングペーパーに書いてあるこの数字を書いてください」

「459……と。これで完成ですか？」

「はい、完成です」

「いやー、これ本当に地味な作業ですね。ところでこのお部屋、とってもガランとしてるんですがほかの方はどちらに？」

「資材第2係は現在私1人だけなんです」

「え!? たった1人!? 倉庫の奥のこんな地味なところでいつも1人ぽつんとこんな地味なお仕事されてるんですか!?」

「そうなんですよ。寂しいです（笑）」

「寂しいっていうか、孤独……。ネコでも飼いたくなりますねこれは……」

次は、大分県沖・周防灘付近の海図を改訂。

「今度はなんの改訂でしょう？ 何これお魚さんの絵……？」

「これは魚礁を表す記号です」

「なるほど、お魚さんの絵で魚礁を表しているんですね！ かわいい！ あれ、でもなんで海図に魚礁を書かなきゃいけないんですか？」

「魚礁には、魚を集めるための石や岩が置かれているので……」

「おーそれは全然かわいくない。知らずに艦艇が行っちゃったら危ないわ。こんなかわいい絵なのに危険地帯だ」

お魚さんの絵は手描きではなく、スタンプがあります。ので、私の画伯っぷりをご覧に入れたいところでしたが、お魚さんスタンプをペタんこ。

「これでよしっと……あーすみません、にじみました。なんでこんな簡単なこともいちいち下手なんだろう……。まあいいや、気を取り直して次の海図！」

「の前に、改訂が終わった記録を書いてください」

「ああそうだ、忘れてた」

次の海図は宮城県・女川湾付近。こちらはトレーシングペーパーではなく、紙に印刷された補正図を切り抜き、スプレーのりで海図に貼り付けます。切り抜いた紙の角は丸くカットして、貼り付けた紙が剝がれないようにするというひと手間もあり、うん、いいよねこの心遣い。湿布も角から剝がれてくるから丸くカットは大事だよね。

「えーっと、これは何が更新されたんだろう？　……あ、この注釈だ」

新たに加わった注釈には、こう書かれていました。

――この海域の地震（H23・3・11）発生後に測量された水深は、地震後の地盤隆起により約0・3m減少している可能性がある。

そうか……あの地震は今でも海に影響してるんだなぁ。そう考えると、発災直後は津波の影響とかであの沿岸の海図にはたくさんの改訂があったんだろうなぁ。

ズレがないように慎重に、注釈の入った紙を貼り付け、「できました！」。

「の前に、改訂が終わった記録を……」

「あーまた忘れてた。私、この仕事担当になったら絶対毎回この記録忘れるわ」

毎週発行される水路通報。本来であれば、毎週『水路通報』が出るたびに全ての海図を改訂しなければならないのですが、あいにく現在の担当は髙畑事務官1人だけ。ほかの業務の関係もあるため、請求が来た海図を優先的に改訂し、艦艇からの要求に応えられるようにしているんだそうです。そりゃそうだよなぁ。1人でこの量は限界あるよなぁ。

「そんなお忙しい中、お邪魔して申し訳ないです」と頭を下げると、「とんでもありません！こんなに人が来てくれてにぎやかなことはないのでうれしいです！」。髙畑事務官の「うれしいです！」の語気には、決して社交辞令ではない本当にうれしい気持ちが表れていて、ああ、髙畑事務官、普段どれだけ孤独にお仕事されてるんだろう……。

とそのとき、お部屋の窓ガラスの向こうに1人の海上自衛官がやって来ました。すでに髙畑事務官が改訂し終え、手配した海図を取りに来た艦艇勤務の方で、海図の束を抱えると「ありがとうございます！」と髙畑事務官にひと声掛けて去って行きました。「お願いします！」と笑顔で返す髙畑事務官。

自分の仕事に対しての「ありがとうございます！」。これは、自衛官に限らずどんな方でも、お仕事をする上での大きな喜びです。が、髙畑事務官の場合はそれ以前に「人が来た」というそれだけでうれしいんだそうで……でしょうね……でしょうね……。

地味な倉庫の地味な部屋。ひとりぼっちで机に向かい、黙々と作業をしている髙畑事務官。艦艇の安全な航行、そして日本の平和は、こんな孤高のお仕事からも作られていました。

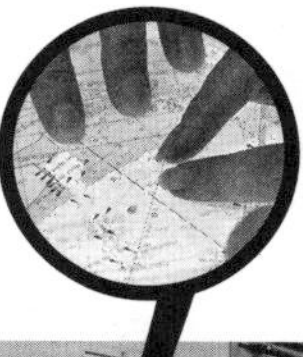

透けて見えるトレーシングペーパーで土砂投入地を確認。細かい作業の繰り返しで肩コリがひどくなりそうです……

とっても小さな文字や記号ばかりですが、書き加えるにも斜線で消すにも全て定規を使って線を引きます。面倒ですが、これだけでとっても見やすくなり、心遣いのあふれるひと手間です

お疲れさまでした！

1人寂しくお仕事をしている髙畑事務官。ネコはさすがに無理ですが、大きめのぬいぐるみでもプレゼントしたい気分になりました

自衛官？　自衛隊員？

今回は、「自衛官」ではなく「事務官」のお手伝いでした。事務官とは、自衛隊員だけど自衛官ではない防衛省職員。なんだかとってもややこしいですよね。ということで、ここんところを少しお話ししたいと思います。

ややこしいのでよく勘違いされがちなのですが、「自衛隊員＝自衛官」ではありません。正確には、「自衛官は、自衛隊員のうちの一部」なんです。

「自衛隊員」には、自衛官以外にも「事務官」や「技官」と呼ばれる人たちがいます。防衛大学校・防衛医科大学校の学生、高等工科学校の生徒も「自衛官ではない自衛隊員」というくくりです。また、私のような予備自衛官も同じく「自衛官ではない自衛隊員」。ですが、予備自衛官は非常勤なので、より正確には「自衛官ではない非常勤の自衛隊員」という言い方になります。しかし予備自衛官は、防衛招集や災害招集などを受けて自衛隊で勤務するときは「自衛官」の身分になり……ほんと、とってもややこしいですよね。

自衛隊員は全員「防衛省職員」でもあるのですが、「自衛隊員ではない防衛省職員」という人

COLUMN

も存在します。防衛大臣や副大臣、政務官などがこれにあたります。

ほんと、この辺はとってもややこしいので分からないままで構いません。分からないままでも日常生活で困ることはありませんから。ただ、「自衛隊員には自衛官じゃない人もいる」ということだけでも頭の片隅に置いておけば、今後ニュースなんかがより深く理解できるんじゃないかなーと思います。

物品の整備（前編）

陸上自衛隊　朝霞需品整備工場

2018年9月お手伝い実施

今回お邪魔したのは、東京都と埼玉県にまたがる陸上自衛隊・朝霞駐屯地の需品整備工場。工場といっても、こぢんまりしたかわいい建物です。扉を開けると、業務隊補給科の出川義明1等陸曹がお出迎えしてくれました。

「こちらでは、朝霞駐屯地内の部隊の、生活に関わる物品を整備しています。勤務しているのは私と、もう2人。主にその2人が『洗濯室』を担当し、『器材室』と『被服室』を私が担当しています」

「生活に関わる物品の整備……どんなことしてるんですか？」

「ではまず洗濯室に行きましょう。こちらでは今、シーツの洗濯をしています」

「ここが洗濯室ですか……うわ、暑っ!!　何これ、乾燥機の熱ですか？」

「それとプレス（アイロン）の熱ですね」

大きな業務用洗濯機が4つ並んだエリアに行くと、10人弱の隊員たちが洗濯機から大量のシーツを取り出していました。

オンボロなブラインドは果たして修理できるのか!?

「んん？　洗濯室担当はお2人なんですよね？　ほかにも勤務している人がいるんですか？」

「大量のシーツを洗うには人数が必要なので、シーツを持ってきた部隊の隊員も作業をしているんです」

「なるほど。そういうことですか」

作業している部隊の人たちをよく見ると、見知った顔が。先方さんも私に気付いてくれました。

「あれ、岡田さんだ」

「お久しぶり〜。……え？　あれ？　ああ、そうか！」

懐かしい顔を見てある疑問が湧き、瞬時に状況が飲み込めた岡田さん。ではこのときの心の内を解説しましょう。

シーツを持ち込み作業していたのは、第32普通科連隊本部管理中隊施設作業小隊の皆さん。以前、私が参加した予備自衛官の訓練を担当していただいた部隊で、面識がありました。しかし、32連隊は埼玉県・大宮駐屯地の部隊。ここ、朝霞駐屯地の需品整備工場でシーツを洗っているのは不自然です。が、32連隊も朝霞駐屯地でお仕事をすることがあります。その1つが、私もお世話になった予備自衛官の訓練担当。私は今年度の訓練は既に終わらせていたのですが、ちょうどこの日は、別日程の予備自衛官訓練の最終日でした。

予備自衛官の訓練では、最終日の朝に、訓練期間中使っていたシーツが回収されます。いつも私は自分が使ったシーツを決められたカゴに入れるだけで、その後シーツがどうなってるのかは知らなかったのですが……。

「ひょっとしてこれ、予備自衛官が使ったシーツ？　いつも訓練担当部隊の人がこうやって洗ってくれてるの？」

「そうですよ」

「わー、訓練担当部隊の人ってそこまでやってくれてたんだ……。知らんかった……。いつもありがとうございます」

「いえいえ（笑）」

そうと分かれば、ただボーッと眺めてるワケにはいきません。次は洗濯し終わったシーツを乾燥機に入れるとのことで、お手伝いさせてもらいました。

「これ、全部入れるの？」

「全部だと乾かないので15枚ずつですね」

「よっしゃ！　1！　2！」

「3！　4！」

乾燥機で半渇きの状態になったら、次はプレス。プレス機に運ぶ前に、乾燥機から出したシーツをざっくり畳みます。これは2人1組でやる作業とのことで、32連隊の高橋裕也陸士長と一緒にシーツの両端を持って次々畳みました。

「高橋士長、めっちゃ手際いいね〜。いつもやってるの？」

「いえ、今日が初めてです」

「マジか！　飲み込み早っ！」

畳みながら目に入るのは、シーツの端に縫い付けられているタグ。タグには、シーツが納入された年度が書かれています。

「これは、１９９０年か。お、これは１９８８年。自衛隊ってほんと物持ちいいよねー。あ、これは新しい、１９９７年だ。やっぱキレイだよね、最近のは」

「自分、１９９７年生まれです」

「なんだとおおおお!?」

そしてプレス。大きなプレス機にシーツをセットします。こちらは出川1曹に使い方を教えてもらいました。

「左手でシーツの端を置いてください。そしてシワを伸ばしながら流します」

「こうですか。おー、シーツがプレス機に流れて……で、こうやって出てくるのか」

「これを次々繰り返します」

「糊付けはいつやるんですか？」

「糊付け？　しませんよ」

「え？　糊付けしてないんですか？　自衛隊のシーツっていつもバリッバリだから、てっきり糊付けしてると思ってたんですけど……」

「それはシーツが古いから生地が硬いだけです（笑）」

「例えば……」と倉庫に入った出川1曹が持ってきてくれたのは、新しいシーツ。「これ、どうですか？」。

「うわあああ軟らかい!!　バリバリしてない!!　……そうか、バリバリなのは生地が古いからだったのか……。予備自衛官仲間もみんな『こんなにバリバリに糊付けしなくてもいいのに！』っていつも言ってるんですけど、そうだったのか……」

「柔軟剤も入れてるんですけどね」

「あれで!?　柔軟さのカケラもないですよ!!　手足が擦れるくらいバリッバリなのに!!」

……と、自衛隊さんの物持ちの良さを痛感した洗濯室。しかし、さらに痛感させられまくったのは次の「器材室」です。

出川1曹に連れられて器材室に入ると、オンボロなブラインドが天井からつるしてありました。

「これは東部方面後方支援隊から持ち込まれた、壊れたブラインドです。修理しているところですので、お手伝いしてください」

「どうすればいいですか？」

「ブラインドの羽根に小さな穴が開いていますよね？　この穴に新しいひもを上から通していってください」

黙々とひもを通しながら、気になるのはやはりブラインドの年季の入りっぷり。これ、羽根が曲がり過ぎでしょいくらなんでも……何十年使ってるんだ……。

「こんなオンボロになってるのをまだ使うんですか？」

「はい、修理して使いますよ」

「えーっと、心の声を吐き出してもいいですか……新しいの買えばいいじゃん!!!!!!　その辺のホームセンター行ったら何千円かでお値段以上の買えるじゃん!!!!!!」

「直して使える物は自分たちで直して使うのが自衛隊です」

「自衛隊はブラインドまで自己完結でやっちゃうの!?」

いえね、物を大切にするのはとても素晴らしいことなんですけどね、修理すれば使える物を捨てずに使い続けるのはとてもいいことなんですけどね、でもこれはさすがにオンボロにもほどがあります。これよりも立派なブラインド、粗大ゴミあされば絶対たくさん出てくるよ……。

「てか出川1曹、こういうブラインドの修理ってどこで覚えるんですか？」

「その窓にブラインドが掛かってますよね？」

「はい。これは壊れてないですね」

「それをバラして仕組みを調べました」

「まさかの独学!!　え、ひょっとして廊下に置いてある乾燥機も？」

「はい、あれはネットで調べて、ベルトを交換すれば直ることが分かりました」

「いや、乾燥機なんて専門業者に修理してもらいましょうよ！」

「直して使える物は自分たちで直して使うのが自衛隊……」

「了解」

この器材室には、各部隊からブラインドや乾燥機だけでなく、洗濯機、アイロン、自転車、リヤカーなんかも持ち込まれて修理するそうです。

「そういうの、出川1曹が全部1人で修理してるんですか？」

「はい。何でも屋さんみたいなものですね」

「定年後の仕事に困ることはなさそうですね〜。……と、はいできました！　これで完成ですか？」

「まだ部品を付けます」

ブラインドの羽根を上げ下げしたり、開け閉めするひもはブラインド上部の部品と接続しているんですが、こちらの部品はすでに修理が終わっているとのこと。

「この部品は使い続けたために摩耗が激しく、動かすとカラカラ音がするんですよね。でもこの部品はこれ以上修理のしようがないんです」

「いや、十分でしょう……。使えるようにさえなれば、後方支援隊の皆さん大喜びだと思いますよ」

部品を取り付け、操作するひもを引っ張ると……動いた!!　すごい!!

「ブラインドってこんなふうに直せるもんなんですね〜。知りませんでした」

「この修理、専門業者に出すと結構高いんですよ」

「でしょうね……」

出来上がってスルスル動くブラインドを見ていると、まだ十分使えるように思えてきました。これ全然オンボロじゃないじゃん。誰だよ粗大ゴミのほうが立派だとか言ったの。

そう考えると、粗大ゴミに出されたブラインドは、使えないゴミだからってよりも、「高いお金かけて修理に出すくらいなら新しいの買う」という結果なのかもしれません。それぞれのご家庭や会社に、出川1曹のような人がいれば「自分で修理する」という選択肢もあるのかもしれませんが……こんなことできる人そうざらにいないよなぁ。

「出川1曹、今日は貴重なお手伝いをさせていただいてありがとうございました」

「いえ、まだ被服室でのお手伝いもお願いしたいんですが……」

「えええええまだあるんですか!?」

異例のお手伝い量で、本連載初の「続きはまた来月！」。次回は「岡田さん、被服室でミシンのお手伝いをして自衛隊の尊さに大感動の巻」です。お楽しみに！

ちまちまちまちまひもを通す作業でイライラな岡田さん。しかし出川1曹は太い指で黙々とスイスイやりのけます。細かな作業を忍耐強くやり続けるこんなお仕事、適性がある人じゃないと難しいだろうなぁ

シーツをプレス機にセット。ここは特にしゃく熱で、汗ダラッダラ。次回の被服室は涼しいお部屋ですが、冷や汗ダラッダラなことになります……

物品の整備（後編）

陸上自衛隊　朝霞需品整備工場

2018年9月お手伝い実施

前回に引き続き、@陸上自衛隊・朝霞駐屯地の需品整備工場。前回のお手伝いでは、「洗濯室」で何十年も前から使い続けているシーツを洗い、「器材室」で粗大ゴミよりもボロいブラインドを修理しました。次に、業務隊補給科の出川義明1等陸曹に連れて来られたのは、工場にあるもう1つのお部屋「被服室」。

「おお、でかいミシンが3つもある」

「業務用ミシンです。これで枕カバーを作ってください」

「枕カバー？」

ミシンの奥のテーブルには、白い布が山と積まれていました。お隣には、その布でできた枕カバーが。

「えーっと、この布でこの枕カバーを作る……ということですね」

「はい、そうです」

「枕カバーなんか買えばいいじゃん!!　あーまたうっかり心の声が漏れ出てしまいました。いえ、分かってますよ。作れる物は自分たちで作るんですよね。器材室で修理したブラインドと一緒ですね」

「購入した枕カバーもあるんですよ。実際に使っています」

「え？　じゃあなんで作るんですか？」

「使っていると古くなりますよね。でも新しい物がなかったら、隊員が古い物を使い続けなければなりません」

「あー、分かります。私も予備自衛官の訓練で、擦り切れたシミだらけのきったない枕カバー使ったことあります」

「ですので、補充用を必要に応じて作っているんです」

お手伝いの前に、まずはお手本。出川1曹に枕カバーを作ってもらいます。

「まずここを縫います。そして次にここを折り込んで縫って……」

「こんなとこわざわざ折り込んで縫ってるんですか？　丁寧過ぎる！　もっと雑でいいでしょう！　ここなんか縫わなくても全然使えますよ！」

「でもより強度を……」

「いや分かりますけど……ここまでのクオリティーは必要なのか……。いえ、使う側としてはありがたいんですよ。私も枕カバーを使わせていただいてる身ですから、クオリティーの高い物はとてもうれしいんです。でも、この山と積まれてる布全部1人で縫わなきゃいけないんでしょう？」

「今年度中に約1000枚作ります」

「せんまい！　ひとりでせんまい!!　ブラインドとか修理しながらひとりでせんまい!!　だったらもうちょっとクオリティー下げても良くなくね？？？？？」

ギャーギャーうるさい私をよそに、黙々とミシンを動かし続ける出川1曹。

「迷彩服着たゴツいおじさんが、こんな丁寧なお裁縫してる絵ってなかなかシュールですね」

「よく言われます」

「って、ええええ!?　そこ2列も縫うんですか!?　1列で十分でしょう!?」

「私、職種が需品科なんですよ。使う隊員に『この程度の物しか作れないのか』と思われるのは、需品科のプライドが許しません」

「枕カバーの縫い目まで見てる隊員なんかどこにもいないと思います」という心の声はなんとか飲み込みました。

この後、私も実際に枕カバーを縫ったんですが、そのお話は割愛。まあ、それなりのシロモノができました。とはいえ、出川1曹に「70点」というギリ合格点をいただけ、実際に朝霞駐屯地のどこかの部隊に配られるそうです。朝霞勤務の皆さま、もし縫い目がやたらとひん曲がっている枕カバーを発見しましたら、それ、私が縫いました。すみません。

お次は迷彩服の修繕。テーブルの上には、女性自衛官教育隊からやってきた、修繕が必要な迷彩服が数着ありました。まず出川1曹が手に取ったのは、かぎ裂きに破れた迷彩服。裏から迷彩服と同じ生地を継ぎ当てて、ミシンでジグザグに縫っていきます。

枕カバーのクオリティーそのままに、丁寧に、丁寧にミシンを走らせる出川1曹。ゴツゴツした太い指が、繊細に滑らかに動きます。その優しい指を眺めていると、心の中で1人大反省会が始まりました。「これ、すごいありがたいことだったんだ……」。

予備自衛官の訓練では、出頭するごとに使う迷彩服を受け取ります。中には新しい物もあれば、こんな感じで修繕された物も。これまで、こういった修繕された迷彩服を受け取ったときは、正直「うわ……超ボロいヤツじゃん……」とがっかりしていました。「あーあ、ハズレくじ引いちゃった」と。

でも、その修繕はこうやって行われていました。出川1曹が、少しでも使いやすいように、見栄えが悪くならないように、丈夫に使えるように、安全に訓練や任務ができるように、丁寧に縫ってくれていました。やること山積みで忙しいのに、手抜きなんかいくらでもできるのに、それでも一着一着丁寧に、心を込めて縫ってくれていました。

あの迷彩服はハズレくじなんかじゃなかったんだ。超アタリくじだったんだ。とっても、とってもありがたいスペシャルな迷彩服を着させてもらってたんだ。出川1曹、今までごめんなさい。そして、本当にありがとうございます。

「はい、できました」

きれいに修繕された迷彩服。手に取って感慨深く眺めていると、

「では次、岡田さんお願いします」

「え!?　私!?　いや、この縫い方はハードル高いですよ!　難しいし、もし失敗しちゃったら持ち主さんにものすごいご迷惑を掛けちゃうし……ってか絶対失敗しますってこれ!!」

「大丈夫ですよ」

いやマジで無理だから……と思いつつも、問答無用で渡されたのはSさんという方のお名前が書かれた迷彩服。やはり女性自衛官教育隊に入校中の方の物で、膝の部分が擦れて穴が開いています。うーん、この穴は大きいぞ……。

ミシンの前に座り、ペダルに足を乗せます。さっきの出川1曹みたいにジグザグに縫えばいいんだよね、よし。

ダダダダ、ダダダダ、ダダダダ……。

「ありゃ、これジグザグの幅広すぎません?」

「ちょっと広いですね。もう少し詰めたほうがいいです」

「えーっと、もう一度上から縫っても大丈夫ですか?」

「はい、そうしてください」

ダダダダ、ダダダダ、ダダダダ……ああ、Sさんごめんなさい……これ、不格好になったかも

……ダダダダ、ダダダダダ、ダダダダダ……でもしっかり縫おう、また破れたらSさん困るもんな……ダダダダ、ダダダダ、ダダダダ……。

「できました。これでどうでしょう？」

「お、いいじゃないですか」

「大丈夫ですか？　問題なく使えますか？　あー、良かった……」

もちろん、出川1曹が縫った物に比べると下手くそです。でも、出川1曹が問題ナシと太鼓判を押してくれたので、この迷彩服はこの後Sさんの手に戻ります。Sさん、下手くそで本当にごめんなさい。でも一生懸命心を込めて縫いました。訓練がんばってくださいね！

「出川1曹、本当に仕事が丁寧ですよね。そのモチベーションってどこからくるんですか？」

「整備し終わった物を取りに来た隊員から、『ありがとう』とお礼を言われることですね」

「なるほど……いやいや、だとしても、ですよ。『ありがとう』だけでここまで丁寧な仕事できます？　ぶっちゃけて言うと、どんなに丁寧にやろうが、手を抜こうが、お給料は変わらないじゃないですか。枕カバーだって、もうちょっと手を抜いたクオリティーの低い物を作っても問題なく使えるし、『ありがとう』も言ってくれるだろうし、手を抜けばもっと量産できるワケでしょう？」

「自衛隊の仕事ってサービス業なんですよ。自分の仕事はほかの隊員へのサービスで、どうしたらその隊員が喜んでくれるだろう、と考えて行うサービス業なんです」

「見合ったお金ももらわずに、そんなサービスができるもんなんですか……」

「需品科精神を表す言葉に、『真情あふれる支援』というものがあります。心のこもった支援、無償のサービスですね。だから、お金をもらわなくてもお礼を言ってくれれば、それで満足なんです」

「んー、そうなのか……お金をもらわなくても……うーん。ヤバい、なんだか自分が心の穢《けが》れた人間に思えてきた……。いや、でもサービスに見合った対価をもらうのは当然のはずなんだけどなぁ」

「自衛隊にいると、無償のサービス精神が養われてくるもんだと思いますよ」

無償のサービス精神……ああ、そうか。だから、災害派遣で被災者の皆さんはものすごく自衛官に感謝するのか。ただ必要なだけの支援をするんじゃなく、被災者のことを考え、被災者の心に寄り添った「無償のサービス」を追求しているから、あんなに自衛官に感謝するのか。よく、災害派遣で自衛官は「当たり前のことをやってるだけ」って言うけど、あれは別に謙遜してるワケじゃなくて、本心の言葉なんだ。ただただ日々と同じように、彼らにとっての「当たり前」をやってるだけなんだ。ほかの隊員のことを考え、ほかの隊員の心に寄り添った無償のサービスを日々追求してるから、あの災害派遣が実現できてるんだ。

相手のことを考えて、よりクオリティーの高いサービスを追求する。「お金もらえるワケでもないのに、なんでそこまでやるの？」という私の驚きも、被災者の皆さんの大きな感謝も、無償のサービスは自衛官にとって「当たり前」のこと。そんな精神が溢れている自衛隊……すげえなぁ。自衛隊の「すげえ」はこれまで山ほど見てきたはずなのに、なんだろうこのショックさ加減は。

お金のやりとりなく、「ありがとう」のやりとりで成り立っている自衛隊。もちろん、経済活動をしている私たちの世界でそれが実現できるワケもなく、経済活動もとても素晴らしいモノなんですが、でも、そんな「ありがとう」な世界が、そこで働いている自衛官たちが、なんだかとっても尊い存在に思えてきました。

出川1曹、そして全国の需品整備工場の皆さん、いつも本当にありがとうございます。お金のやりとりができない分、ずっとたくさん言い続けます。本当に、本当に、ありがとうございます!!

出川1曹に教わりながら迷彩服を修繕中。出川1曹はこのほかに、カーテンやバッグ、戦闘靴カバーなんかも手作りしてます。どれもクオリティーが高く、タッグを組んでフリマアプリで荒稼ぎしたくなりました

お疲れさまでした！

ブラインドも修理できて枕カバーも縫えちゃう出川1曹。「岡田が選ぶお婿さんにしたい自衛官アワード2018」のグランプリに輝きました

自己完結を支える需品科

ありとあらゆる物を手作りし、修理している出川1曹。作業中、出川1曹から「需品科のプライド」、「需品科精神」という言葉が出てきましたが、この「需品科」について。

需品科は、陸自の16職種のうちの1つ。今回、需品整備工場で行っていた洗濯や整備業務のほかに、燃料や野外用の食事、被服の補給、また給水、入浴も行っています。災害派遣で被災者の方に給水支援や入浴支援を行っているのも、主にこの需品科です。

大きな災害が起きたとき、自衛隊がすぐに救助や支援をし、そしてそれを長期にわたって継続できるのは「自衛隊が自己完結型組織だから」とよくいわれます。救助や支援といった活動そのものだけでなく、隊員の現場までの移動や滞在中の食事、睡眠環境、医療など、活動にまつわる全てのことを自衛隊だけで「自己完結」できるから、あの災害派遣活動が実現できています。

自衛隊には「生きる」ための全てがそろっています。「逆に、自衛隊ができないものってなんだろう?」と考えてみると……「出産」はどうだ? あ、自衛隊病院に産婦人科があるなぁ、保育園……も最近自衛隊に託児施設ができてるし……と悩みに悩んだところ、「ああ、介護だ」と

COLUMN

思いつきました。介護が必要な年齢の人は自衛隊を退職してますもんね。まあでも、もし被災地で「自衛隊さん、介護支援の活動をお願いできませんか?」と頼まれたら、「支援」程度ならやれちゃいそうな気も……。まあ、それが自衛隊が頼まれるべきことかどうかは分かりませんが。

被災地での給水支援、給食支援、入浴支援の設備やノウハウは、そもそもは隊員のために完成されたものです。野外での長期にわたる任務で隊員が生きていくための設備やノウハウを、災害時には被災者の方にも活用しています。

自衛隊の「自己完結」を生活面で支えている需品科。まさかブラインドや枕カバーまで「自己完結」だとは思いもしませんでしたが……。

このお手伝いをした翌年、2019年10月に発生した台風19号で、私が予備自衛官として災害招集を受けたときは、この需品整備工場と同じく朝霞駐屯地にある「陸上総隊司令部」というところで勤務しました。出頭した初日に2着の迷彩服を受け取ると、どちらの迷彩服にもすでに階級章がきれいに縫い付けられていました。訓練ではいつも、階級章は自分で手縫いで付けているので、このきれいに縫い付けられている階級章がとてもありがたく、襟の階級章をしみじみ眺めていると、ふと「あ、これひょっとして出川1曹が縫ってくれたのかな?」。

陸上総隊司令部での19日間の勤務が終わった後、出川1曹とご連絡を取る機会がありました。「ひょっとしてあの階級章は……」と聞いてみたら、「はい、自分がミシンで縫い付けました」とのこと。出川1曹、いつも本当にありがとうございます!

警備犬訓練のお手伝い

航空自衛隊 入間基地警備犬管理班

２０１８年10月お手伝い実施

今回お邪魔したのは、埼玉県の航空自衛隊入間基地にある警備犬管理班。ワンちゃんたちのいる部隊です。

基地の奥まった所にあるフェンスで仕切られたワンちゃんエリアに入ると、ワンワンワンワン元気な声が。警備犬管理班長の大久保英一１等空尉、そして河村慎吾２等空曹、田多孝治３等空曹がお出迎えしてくれました。

「こちらでは、警備犬の管理や運用、育成、訓練を行っています」

「あのー、そもそもなんですけど、なんで自衛隊に犬がいるんですか？　警備犬という名前なので警備をしてるんだろうなーというのは分かるんですが」

「警備犬は基地の警備を行います。基地警備では人間の監視能力だけでは補えない部分があり、監視カメラやセンサーなども装備していますが、これも万能ではありません。そこで、聴覚や嗅覚、襲撃能力に優れた犬の能力を使っています」

爆発物や不審者を
捜索する頼もしい
ワンちゃん！

「なるほど。ってことは、警備犬は基地内をパトロールしているんですか？」

「はい。ほかにも、要請を受けて爆発物や不審者を捜索したり、国際救助犬の資格を持った警備犬は、災害派遣にも参加しています」

２０１８年7月に起きた西日本豪雨、そして9月に起きた北海道胆振東部地震。この2つの災害では、行方不明者を捜索するため、こちらの入間基地からも警備犬が派遣されました。大久保1尉は部隊運用を指揮し、河村2曹、田多3曹は「ハンドラー」にアドバイスをする「スポッター」として活動したそうです。

と、ここで用語解説。警備犬は、動作の指示を出す隊員とペアで行動します。この指示を出す隊員が「ハンドラー」。行方不明者捜索では2、３匹の警備犬を運用するのですが、警備犬１匹にそれぞれ1人のハンドラーが付き、警備犬に直接指示を出します。そして、風向きや地形を分析し、ハンドラーに「この位置から捜索を開始しましょう」といったアドバイスをするのが「スポッター」です。

河村2曹、田多3曹は普段、おのおの2匹ずつの警備犬を担当し、ハンドラーとして訓練・運用を行っているのですが、同時に全国各地の基地にいるハンドラーの教育もしています。また大久保1尉は、１匹の警備犬のハンドラーを務めながら、警備犬管理班長として隊員の監督・指導も行っています。という背景から、西日本豪雨、北海道胆振東部地震ではお三方が運用指揮、そしてスポッターとして活動したとのことでした。

と、警備犬のことが少し分かったところで、田多3曹がハンドラーを担当している2匹のうちの1匹、「ヒエン号」という3歳オスのベルギー・シェパードが住んでいるお部屋へ……うおおヒエンくんでけぇ。怖ぇ。

ヒエンくんがいるのは鉄柵の向こうなのでビビる必要はないんですが、岡田さんは柴犬しか飼ったことがないもんで、どうしてもヒエンくんに威圧感を……いや、警備犬だから威圧感があるのはいいことなんですが。にしても、ヒエンくんずっとワンワンワンワンほえてるなぁ。まあ、急に知らない人間が来たらそりゃ不安にもなるか。ヒエンくん、ごめんよぅ。

「これから訓練を行うので、外に連れて行きますね」

首輪とリードを付けるために田多3曹が近づくと、ほえるのをピタッとやめて田多3曹にまとわりつきシッポぶんぶんピョンピョンのヒエンくん。田多3曹のことが大好きなんだなー。

ハンドラーが警備犬とペアを組んで最初に行う訓練は、「信頼関係を築くこと」なんだそう。この好き好き具合を見ると信頼関係はバッチリのもようです。

お外に出た田多3曹とヒエンくん。まずは「服従訓練」です。田多3曹の左側にヒエンくんがピッタリ付き、一緒に歩いたり走ったりしながら「ストップ」、「座れ」、「伏せ」などの号令の通りに動きます。「服従」というと、無理やり強制するような印象を持ってしまいますが、ヒエンくんはずっとシッポをピョコピョコさせ、常に田多3曹の顔を見上げて「次何？　何するの？『伏せ』？　伏せるよ！　ほらボク伏せたよエラいでしょ？」といった感じで楽しそうです。

「なんか訓練っていうより、遊んでる感じですね」

大久保1尉に聞くと、「そうなんです。犬にとっては楽しい遊びなんです」。

「どうりで。ヒエンくん、大好きな田多3曹に遊んでもらって超楽しそうですもんね。楽しいからいろんなことが覚えられるのか」

「では、次は『爆発物捜索訓練』です」

準備をする河村2曹の手には、「臭気シート」と呼ばれる爆発物の臭いがついたガーゼが。これを筒に入れ、5つ並んだ箱のうちの1つに隠します。

で、やってきた田多3曹とヒエンくん。ヒエンくんは5つの箱をクンクンした後、臭気シートの入った箱の前にお座りし、中をじーーーーっと見つめました。この「じーーーー」が、「ここに爆発物があるワン！」の合図。

と、ヒエンくんの背後からボールが投げられました。ボールに飛びついてはしゃぎ、大好きな田多3曹に遊んでもらうヒエンくん。ちゃんと爆発物を見つけられたご褒美です。

「次は箱ではなく車両を使います。岡田さん、お手伝いをお願いします。臭気シートの筒を車両のどこかに隠してください」

「えーっと、どこにしよう……。テロを起こす悪者の気持ちになってみたら……んー、でっかく爆発しやすいエンジンの近くとか？」

ということで、エンジン近くのタイヤの裏にセット。田多3曹とヒエンくんがやってきて、車両をぐるぐるクンクンクンクン……。と、タイヤの裏に鼻を突っ込み、動かなくなりました。

「岡田さん、ボールを投げてください」

「はい！」

ヒエンくんの背後からご褒美のボールを投げると、飛びついて大はしゃぎ。こんな喜んでる姿を見ると、こっちまでうれしくなるなあ。

そして「襲撃訓練」。悪者を追っかけて捕まえる訓練です。悪者役の大久保1尉がモッコモコの頑丈な上着を着て、かみつかれても大丈夫なようにします。

「あーこれ、バラエティー番組で芸人さんが追っかけ回されて倒されるヤツだ」

「そうですね（笑）」

田多3曹が合図を出すと、お座りしていたヒエンくんが大久保1尉に飛び掛かり、腕にかみついて離れません。そして田多3曹が「ヒエン、アウト！」。すると、ヒエンくんは口を離しました。なるほど、バラエティー番組だと「松本〜アウト〜」で痛いことが始まるけど、警備犬は「ヒエン、アウト」で痛いことが終わるんだな、などとくだらないことを考えていると、別のワンちゃんが登場。田多3曹がハンドラーを担当している2匹のうちのもう1匹、「トトロ号」です。

「このトトロは救助訓練をします」

「なんかトトロくん超絶大喜びなんですけど、これはやっと田多3曹と訓練できるからってことですか？『大好きな田多3曹がヒエンじゃなくて俺んとこ来てくれた〜！』的な？」

「そうですね。２匹担当していると、やきもちをやいたりしますから」

「どのワンちゃんも、ハンドラーのことが大好きなんですね～」

救助訓練は、がれきで作った専用の場所で行います。行方不明者役の河村２曹ががれきの中の小屋に入り、スタンバイＯＫ。クンクンしたトトロくんは小屋の一角で立ち止まり、ワンワンほえて「ここに人がいるワン！」を知らせました。

「なるほど、こうやって行方不明者を見つけるんですね。すごいなぁ」

「もっとすごいことに、犬も災害現場に行けば、自分が何をしなければならないのかを学習するんですよ」

「学習？　ワンちゃん自身がやるべきことを学習して動くんですか？」

「そうなんです。北海道胆振東部地震では、アイオス号という警備犬が行方不明者を捜索していたのですが、ある場所でアイオス号がほえるのをためらいました。そこでハンドラーがいったん呼び戻そうとすると、アイオス号はがれきの中にあった帽子をくわえて走ってきたんです」

「その帽子って、ひょっとして……」

「その場所を掘り起こして見つかった、行方不明者の方の物でした」

「同じ臭いの物を拾って、『この人がいる！』って知らせたんですか……」

「われわれもびっくりしました」

「それもやはり、ハンドラーに褒められたい気持ちからの行動なんですか？」

「それは大前提ですね」

警備犬ってそんなことまでやれるんだ。ハンドラーのことが大好きな一心で、ハンドラーに褒められたい一心で、指示された通りに動いて、ってだけじゃなくて、ハンドラーがもっと喜んでくれるにはどうすればいいのかまで考えるんだ。そんなにハンドラーのことが大好きで大好きでたまらないんだ。行方不明者をなんとか見つけてあげたいという自衛官たちの強い願いは、ハンドラーへの「大好き」を通じて、警備犬にも伝わってるんだ。「大好き」ってすごいなぁ。「大好き」って強いなぁ。

大好きな田多3曹に褒められてシッポぶんぶんなトトロくんを見ていると、あることを思い出しました。それは、以前取材した教育部隊の教官から聞いた言葉。「教育で重要なのは、学生に教官を好きになってもらうことなんです。教官を好きになれば、習熟度はどんどん上がります。だから、私も学生に好きになってもらえる人であらなければなりません」。

そうか、人間も犬も同じなんだ。大好きだから、大好きな人に褒められたいから、人間も犬もがんばって学習して、大きな仕事がやり遂げられるようになるんだ。確かに、部隊長が好かれている部隊ってすごく活気があって強いもんなぁ。「大好き」って大きな原動力なんだなぁ。

思えば、自衛隊の任務そのものが「大好きな人、大好きな国を守る」です。自衛官も、大好きな人たちを守りたいから入隊し、日々訓練を積んでいます。そうか……自衛隊って「大好き」でできてるんだ。「大好き」だからがんばれるんだ。「大好き」だから強いんだ。

「大好き」のパワーのすごさをワンちゃんたちから教わった、楽しい楽しいお手伝いでした。

訓練前に、ヒエンくんと少しでも仲良くなろうと体を拭き拭きさせてもらいました。ハンドラーさんたちは毎朝こうやって体を拭きながら、ワンちゃんの体に異常がないかチェックしているそうです

お疲れさまでした！

左から田多3曹、大久保1尉、河村2曹。ヒエンくんもペロペロしてくれるくらい懐いて……いや、ボールか何かと思われてるのかも……

ヒエンくん、災害派遣へ

前回の出川1曹に続き、今回のヒエンくん、そしてハンドラーの田多3曹とも、翌年の災害招集でちょっとした再会がありました。

勤務していた陸上総隊司令部では、報道官室というところで災害派遣活動をSNSにアップする業務を行っていました。陸上総隊は陸上自衛隊の組織ですが、当時の陸上総隊司令部は、陸・海・空全ての部隊の災害派遣活動を指揮する「JTF（Joint Task Force＝統合任務部隊）司令部」となっていて、陸自だけでなく、海自、空自の災害派遣活動もSNSにアップしていました。

そんなある日。空自の部隊から、警備犬が神奈川県相模原市で行方不明者を捜索している画像が送られてきました。するとそこには、ヒエンくんと田多3曹の姿が。

「ヒエンくんだ……。そうか、ヒエンくんもがんばってるのか……」

あのころの無邪気なヒエンくんを思い出しながら、ツイートボタンをクリックしました。

COLUMN

歴史的建造物の掃除

海上自衛隊 横須賀田戸台分庁舎

2018年12月お手伝い実施

今回お邪魔したのは、神奈川県横須賀市の小高い丘の上にある「田戸台《たどだい》」という所。住宅に囲まれた坂を上って行くと、ハイカラな洋館が現れました。大きな黒い門を開けてお出迎えしてくれたのは、海上自衛隊横須賀地方総監部広報係の佐藤玄一1等海曹。

「今日はよろしくお願いします……というか、なんですかここ？」

「海上自衛隊の田戸台分庁舎です」

1913（大正2）年に、旧海軍横須賀鎮守府司令長官の官舎として建てられたこの建物。戦後はアメリカに接収されて在日アメリカ海軍司令官などの居住に使われ、69（昭和44）年に防衛庁（当時）に移管、現在は横須賀地方総監部が管理をしているとのことです。

「見るからに『ザ・歴史的建造物！』って感じですね」

「明治時代にロンドン大学に留学し、日本人初のイギリス公認建築士の称号を得た桜井小太郎さんが設計した建物で、日本遺産にも指定されています」

「で、佐藤1曹はこちらでお仕事をしているんですか？」

「朝、横須賀基地の地方総監部に出勤した後こちらに来て、夕方また総監部に戻っています」

「毎日ここで何してるんですか？」

「田戸台分庁舎の維持・整備・管理です。建物や庭園の掃除や補修ですね」

「ほかに人影は見当たらないんですけれど……ひょっとしてお1人で？」

「はい、私1人です」

海上自衛隊での前回のお手伝い、「海図の改訂」に続き、またも海上自衛隊のひとりぼっち業務。この広い敷地でぼっち勤務は寂しいなぁ。

「で、私は何をお手伝いすればいいんでしょうか？」

「掃除のお手伝いをお願いします」

こんな大事な大事な歴史的建造物の掃除……私なんかがやっちゃっていいんだろうか……と一抹の不安を抱きながらもお手伝い開始。まずは旧海軍時代に執務室として使われていたお部屋にブオーーーンと掃除機を掛けます。

「こんな感じでフツーに掃除機掛けてって大丈夫ですか？」

「はい、大丈夫ですよ」

「なんかやたらと重要そうな物がそこここに飾られてるんですけど、こういったとこはどうするんですか？」

「棚やイスの脚を除けて掛けてください」

「うーん、倒して壊しそうで怖い……」

びくびくしながら掃除機を掛けつつも、動作は雑な岡田さん。ついいつものようにコードをぐいっと引っ張ると背後でガタッと音が鳴り、

「うわあああ岡田さん何してるんですか!?」

「何か壊しました!?」

「いや大丈夫です！　ちょっとズレただけです!!」

取材スタッフ一同大騒ぎ。私にこんなことやらすとこうなるのは目に見えてるのに……スタッフも学習しないなぁ。

「あれ、佐藤1曹、心なしか顔が引きつってるようですが……」

「いえいえ、えー、でももう掃除機はやめましょうか。別の掃除をお願いします」

「別の掃除……。あ、あのステンドグラス拭きましょうか？」

「それはちょっと冷や汗が……。あのステンドグラスは小川三知さんという大正時代のステンドグラス工芸家の方の非常に価値の高い作品で……」

何から何まで気が抜けない歴史的建造物。ということで、庭園を竹ぼうきで掃くことになりました。

「うん、庭園の掃除なら何も壊さなそうで安心だ……って庭園広っ!!」

「庭園掃除のコツは、決して後ろを振り返らないこと。前進あるのみです」

「すごいポジティブな名言ですね……。なんで振り返っちゃダメなんですか？」

「では後ろを見てみます？」

掃き進む中、立ち止まって振り返ると、たった今きれいに掃いた場所にハラハラと落ち葉が次から次へ……。

「……。確かにこれは後ろを振り返ったらメンタルやられますね」

「そうなんです。さらに強風の日だとせっかく掃いた落ち葉まで散らばって……」

「わーメンタルズタボロ！」

「ですので、前だけを向いて掃いていきましょう」

「了解です。ところでこの田戸台分庁舎って今は何に使ってるんですか？」

「現在は、国内外高官・要人の歓送迎会、レセプション、会議場として使用しています」

「一般の方の見学とかは？」

「基本的には見学不可なんです。ただ、桜の時季には一般公開をしています」

「だったら毎日掃除せずに、そういう使う前にだけ掃除すればよくないですか？」

「いえ、それだと汚れが溜まっていきますから。価値ある建造物の管理を任されているのでそういうわけにはいきません」

「確かに、家もマメに掃除しないとどんどん薄汚くなってくもんなぁ。トイレもすぐさぼったリングできちゃうし」

「雑草もあっという間に茂りますしね」

広い広い敷地。毎日庭園を掃いて屋内の掃除機を掛けて、窓拭きをして……という時間はないので、今日は庭園、明日は掃除機、とその日の掃除内容を決めて取り掛かっているそうです。

「今日は庭園だけって決めたとしても、これ掃いても掃いてもラチあかなくないですか？」

「サッサッと掃いていくのではなく、腰を入れて落ち葉を一気に一掃すると早いですよ。ザザーッと、こんな感じで」

「ああ、でっかい筆ででっかい紙にお習字する感じですね」

「そうですそうです」

「こうかな……でえええええええい!!　あー、こうやると確かに落ち葉一掃だけど……腰痛い……」

「いい汗かきますね。では、集めた落ち葉を捨てに行きましょう」

建物の裏手に回ると、大きなコンテナが。庭園掃除で出たゴミはこのコンテナに集めるとのことで、中をのぞくとコンテナいっぱいに落ち葉の山。

「これ、全部佐藤1曹1人で掃除したんですか!?」

「はい。3～4週間分くらいですね」

「それでこの山……なんか今さら気が遠くなってきました……」

建物の中に戻り、改めてあちこち見回すとどこもピッカピカ。これ、全部1人でやってるのか……。ワンルームのマンションでも毎日こんなピカピカにできないぞ……。

「この廊下の奥は何があるんですか？」

「和室です。見てみます？」

「おお、ここもピッカピカだ～。この横の部屋は？」

「ここは事務室です」

「なるほど、佐藤1曹は毎朝ここに出勤してるんですね。でも当直とか、泊まることはさすがにないですよね？」

「ありますよ。台風や大雪のときなどは何かあったらすぐ対処できるよう、泊まり込むこともあります」

「ひょっとして泊まるのも1人で……？」

「はい」

「え、ちょっと待って！　人っ子一人いない広い敷地の、歩くたびに床がギシギシいってるこの洋館に暴風雨の中1人で泊まるんですか!?　怖すぎでしょう!?」

「怖くないですよ」

「いやいや、暴風雨で真夜中で古い洋館でひとりぼっちって怪談の定番要素てんこ盛りですよ！誰もいないのにウフフッとか女の人の笑い声聞こえたら怖いじゃないですか!?」

「聞こえませんよ」

「分かってますよ!!　分かっててもウフフッとか聞こえたらどうしようとか怖くなるじゃないで

すかこのシチュエーション!!」

「うーん、怖くないですけどねぇ」

「んで廊下にあるこの大きな鏡！　夜中にトイレから事務室に戻るとき人影が映ったらビクウウッってなりません!?」

「なりませんよ、映ってるのは自分ですから」

「いやそうなんですけど!!　佐藤1曹、随分と肝が極太ですね……。私、こんな広いとこに1人だけって昼間でも勘弁ですよ……。もし荷物が届いて段ボール開けて日本人形だったら超泣き叫ぶ自信あります」

「それはご近所の方が驚かれますね」

どこまでも肝っ玉な佐藤1曹。まあでも、こんな人しかできないよな、こんな大きな洋館にひとりぼっちなお仕事……。しかも泊まりアリなんて……。

これまでお手伝いしてきた中で、「これは私には向いてない」、「これは私にはできない」と思った業務は山ほどですが、「これは嫌だ」と思ったことは一度もありませんでした。しかし、今回初めて言います。私、この田戸台分庁舎に1人でいるお仕事は絶対に嫌です!!　もし私が海上自衛官でこの仕事やれって言われたら地べたに転がって泣きわめきます!!

でも……そうはいかないんだよなぁ。任務だから、嫌でも嫌じゃなくてもやらなきゃなんだよなぁ。災害派遣や有事など、いろんな厳しい任務をもし予備自衛官として自分がやることになったら……ってこれまで何度も何度も考えて、どれだけ怖くてもどれだけ嫌でも腹をくくろうと、腹がくくれるように日々努力をしようと考えてましたが……まさか歴史的建造物で根底から腹がひっくり返るとは。いやー、やってみないと分からないもんだなぁ。

日本の重要な遺産を守る、責任ある任務。もし私がその責任感を持てるようになったら、この世のモノでも、この世じゃないモノでも、何が出ても腹をくってやれるようになるのかな。いや、佐藤1曹が言うように、何も出ないし何も起こらないんですが……頭では分かってるんですが……。

田戸台分庁舎を後にする取材スタッフを見送ってくれた佐藤1曹は、また1人で門の中へと消えて行きました。任務への責任感、腹をくくる大事さをあれこれ考えたのに、その後ろ姿を見ながら「うわあああ佐藤1曹、今日これからも、明日も明後日もあそこで1人で……うわあああああ」と考えてしまった岡田さん、まだまだ修行が足りないようです。

佐藤1曹から竹ぼうきテクを伝授してもらって、どうですこの腰の入りっぷり。石畳に入り込んだ細い枝や木の実は竹ぼうきの先でちょこちょことかき出し、さらに鳥の糞も落ちててなかなか根気が必要です

お疲れさまでした！

旧海軍時代から伝わるスタインウェイのピアノの前で佐藤1曹と。この高価なピアノは一般の方でも応募で弾くことができるそうです！　詳しくは、田戸台分庁舎公式サイト（https://www.mod.go.jp/msdf/yokosuka/tadodai/）をご覧ください

習志野原は習篠原？

物持ちのいい自衛隊さん。なので、駐屯地・基地には結構たくさんの歴史的建造物が残っています。現役で隊員が使っている建物もあれば、史料館や広報館として一般公開されているところも。

例えば、広島県の江田島。こちらには海上自衛隊の幹部候補生学校、第1術科学校があり、明治時代に建てられた「赤レンガ」と呼ばれる庁舎や、石造りの大講堂、ギリシャ神殿風の教育参考館などがあります。

香川県にある陸上自衛隊の善通寺駐屯地には、旧陸軍第11師団司令部の庁舎が残っています。初代師団長・乃木希典にちなみ、この建物は「乃木館」と呼ばれています。

新潟県の陸上自衛隊・新発田《しばた》駐屯地には明治初期に建てられた「白壁兵舎」が。こちらは映画『八甲田山』のロケにも使われました。

千葉県にある陸上自衛隊の習志野駐屯地には、明治時代に建てられ、大正時代に移設された「御馬見所」が。現在は「空挺館」と呼ばれ、習志野駐屯地にある第1空挺団の資料などが展示

COLUMN

されています。

私もいくつか見学させていただいたのですが、一番印象に残っているのは習志野駐屯地・空挺館にあった資料。「習志野」という地名の由来が書かれた資料です。

由来には諸説あるそうですが、その資料によると……。現在、習志野駐屯地の周りには住宅街が広がっていますが、明治時代は原っぱで、騎兵の訓練場として使われていました。ある日の訓練で、篠原少将という方が素晴らしい活躍をされていて、その様子を見学されていた明治天皇が「篠原に習え」と言われたそうです。そこで、その一帯の原っぱが「習篠原」と呼ばれるようになり、現在の「習志野」の地名になったんだとか。

ドラマ『坂の上の雲』でも、秋山好古が原っぱ時代の習志野に立っているシーンがありましたが、「なるほどー。これが習篠原かー」とひとり勝手に悦に入っていました。

展示品の掃除

陸上自衛隊 広報センター「りっくんランド」

2019年1月お手伝い実施

毎回、「何ココ？」なとこにお邪魔しております本連載。今回やってきたのは、東京都と埼玉県にまたがる陸上自衛隊・朝霞駐屯地にある、陸上自衛隊広報センター「りっくんランド」。いやここ、しょっちゅう来てるんですけど……。もう飽きたんですけど……。「何ココ？」感がまったくないんですけど……。

というのもですね、岡田さんはここ数年、「ウチの子が働く車好きでさ〜、自衛隊の車見せてあげて！」、「自衛隊詳しいんでしょ？　なんか自衛隊のイベント連れてってあげて！」というママさんたちからモテモテで、たんびお子ちゃんたちをここ、りっくんランドに連れて来てて、毎度毎度みんな喜んでくれてそれはうれしいんですけど、マジでもう飽きたんだよここ……。

一応ご紹介しときますと、陸上自衛隊広報センター「りっくんランド」は、その名の通り陸上自衛隊の広報施設。陸上自衛隊の歴史から現在の活動などを写真パネルで紹介してあるコーナーがあって、っていういわゆる「広報！」な展示だけじゃなく、体感型で遊べるコーナーもたくさんあって、子どもに「どっか連れてってー！」と言われたらとりあえず連れてけば満足してくれる超オススメスポットです。土日や夏休みは子どもたちで溢れかえっています。迷彩服の試着コーナーでは、大人もウキウキで自衛官コスプレやって、偵察バイクにまたがって写真撮ったりしています。そして、一番声を大にして言いたいのが……タダ!! 1日遊んでゼロ円!! 首都圏にお住まいのご家族皆さんに、「いいからとりあえず1回行ってみ」と触れて回りたいです。

さて、本題のお手伝いに戻りましょう。りっくんランドで開館前の朝早くからお出迎えしてくれたのは、東部方面総監部広報室の岡田一平2等陸曹。「岡田」2曹です。とってもいいお名前です。初対面ですが絶対にいい人です。間違いありません。

「岡田2曹は、りっくんランドでお仕事してるんですか？」

「はい、私は『企画係陸曹』という役割で、イベントの企画・運営をしたり、ポスターを作ったりしています」

りっくんランドでは、通常の展示のほかにも、車両・航空機の体験搭乗や音楽隊のコンサート、スタンプラリー、そして野外炊事車を使ったカレーの調理展示&体験喫食といったイベントが毎月数回行われています。車両や野外炊事車などの装備品は、各部隊で使っている物を持ってきてもらうそうなのですが、部隊は部隊で訓練や災害派遣などのお仕事で忙しく、日程調整が必要です。そして人気イベントは抽選で当選者のみ参加できるんですが、事前にその応募受け付け、当選者への案内発送もあり……といった準備を岡田2曹が担当しているとのこと。

「りっくんランドのイベントっていつもお客さん大喜びで、自衛隊のこともよく知ってもらえるいいチャンスですけど、どれも準備は大変なんですねぇ。で、今日私は何をお手伝いするんでしょうか？」

「館内のお掃除をお願いします」

「お掃除……前回に続いてまたお掃除ですか……。いやでも、りっくんランドに来たお客さんが『うわここ汚いな』って思ったら、それがそのまま自衛隊のイメージになっちゃいますもんね。責任重大だ。がんばります」

まず向かったのは、屋外のイベント広場。こちらには10式戦車、87式自走高射機関砲、94式水際地雷敷設装置、多用途ヘリコプターUH-1Hといった装備品がずらり展示されています。

「こちらのタイル床を高圧洗浄機で洗ってください」

「高圧洗浄機？」

床掃除にこんな大袈裟《おおげさ》なモンいるの？　と、心の中で少々ブー垂れながら、10式戦車エリアのタイルを高圧洗浄機でブッシャー！　タイルの溝に高圧の水を噴射すると、出るわ出るわ真っ黒な土。

「うわー、こんな汚いんだ」

「イベント広場には芝生の場所とタイル床の場所がありますが、芝生から風で飛んできた土がタイルの溝に入り込むんですよね。夏場はコケも生えます。ですので、高圧洗浄機で洗っているんです」

「きれいな広場はこんな大掛かりなお掃除で作られてるんだなぁ」

「特に10式戦車は人気の写真撮影スポットなので、念入りにきれいにしてくださいね」

念入りに、念入りに……と、ちまちまちまちまタイルの溝を洗いつつ、ふと10式戦車を見上げると、しぶいた泥が車体に跳ね掛かっており、あれ、これタイルをきれいにしたのに戦車汚してね？

こりゃいかんと戦車に水を掛け、タイルを洗い、そしたらまた戦車が汚れて水を掛け、ああもう私下手!!「あー、このタイル一面にコンクリ流し込んで溝ゼロの真っ平にしてええええ」とイライラしながら洗ってると、私の様子を眺めていた取材スタッフが「〝戦車〟を〝洗車〟ですねぇ」などとのたまい、その口に高圧な水を撃ち込みそうになりましたが作り笑いを浮かべてあげた岡田さんはとても偉かったと思います。

「岡田2曹、こんな感じでどうでしょう」

「このタイル床の洗浄は1週間くらいかけて少しずつやっていくので、今日はこのくらいで。次は屋内の戦車とヘリを掃除してください」

屋内には、90式戦車と対戦車ヘリコプターAH-1Sが展示されています。普段は周りから眺めることしかできないんですが、どちらも月に1度ずつ、搭乗する席の中が開放され、乗って写真撮影なんかを楽しむことができるとのこと。お客さんがあちこち手で触ることになるので、柄の長いハンディーモップでほこりを取って、ぞうきんで拭き拭きします。

「んじゃまず戦車に上って席に入りますね……うわっ、油くさっ！　長いこと展示してても油の臭いって取れないもんなんですねぇ。使ってたのはずいぶん前なんでしょう？」

「ここに展示している装備品は試作車なんですよ」

「へー。今でも動かそうと思えば動かせるんですか？」

「整備すれば動くと思いますよ」

「そうなんですね〜。よっこいしょ。んー、私、モップ持って戦車の上に立ったの初めてだ。まあ2度目はないだろうけど」

お次はヘリのお掃除です。ぞうきん片手にコックピットに入り、操縦かんやキャノピー、そして頭の後ろのよく分からない部品を拭き拭きしてたら、「んー、岡田さんの顔が分かるように近くから撮ると、ヘリに乗ってるってのが分かりにくいんだよなぁ」と、取材スタッフのカメラマン。すると岡田2曹が、「お客さんには、記念撮影するときにこの位置から撮るのをお勧めしていますよ」。

「おー、さすがりっくんランドのプロ！　撮影スポットも熟知してるんですね！」

「せっかく撮っていただくので、ヘリに乗ってるのが分かるようにアドバイスしています」

「後で写真を見たときに、自衛隊のヘリだって一目瞭然のほうが広報的にもいいですよね」

「戦車でも、戦車の前で記念撮影をする方が多いんですが、実はこのヘリの隣にある台から撮ると全体が撮れるんです」

「おおおいいこと聞いた！　あ、ついでにアレも教えてほしいんですが……」

向かったのは、ヘリのお隣にある「射撃シミュレータ」のゲーム。

「これ、どうやったら高得点取れるんですか？」

「これはですね、この画面を見ながら、ロックオンのときはこの画面を見て……」

岡田2曹に実演してもらったら……難なく満点！　さすがりっくんランドのプロ！　射撃シミュレータは90式戦車とAH-1Sの2つのモードがあるんですが、AH-1Sのほうが高得点を取りやすいとのこと。高得点のコツは、ぜひ実際にりっくんランドに行ってプロから教わってください。……と、お掃除をサボってフツーにりっくんランドを満喫してたら開館時間が近づき、お手伝い終了。

「いや～、今日はいいことたくさん教えていただいてありがとうございます。今度お子ちゃん連れてきたときに全部ご披露します！」

「飽きた」とか言いながら、また来る気満々な岡田さん。いや、飽きたのはその通りなんですけどね、でもいくら飽きても、りっくんランドは絶対また来たい場所なんです。だって、一緒に来た人みんなが自衛隊を好きになってくれるから。

以前、ここに連れてきたあるママさんと男の子。一日中りっくんランドで遊びまくった帰りの電車で、ママさんがこう言いました。

「今日は本当にありがとう。私、自衛隊って何も知らなくてさ、もちろん災害のときはありがたいと思ってたけど、だからって何も知らなかったの。でも今日、息子の付き合いでりっくんランドに行ったら、自衛隊のことをたくさん知ることができたよ。こうやって日本を守ってくれてる人たちがいるんだって知って、すごくうれしくなったよ。日本は自衛隊に守られてるってことを知って、これから安心して暮らせるよ」

売店で買った装備品のおもちゃを握りしめて離さない男の子も、とてもうれしいことを言ってくれました。この男の子は電車が大好きで、ずっと「大きくなったら電車をつくる人になる」と言ってたんですが、りっくんランドに行って新たな夢を持ったようです。

「あのね、僕、大きくなったら自衛隊に入る！　自衛隊に入って、装備品をつくる人になる！」

「おー、それはいいことだ！　いや、でも、えーっとね、自衛隊の装備品をつくってるのは自衛隊じゃなくて、三菱重工とか川崎重工とかで、自衛隊に入ってもつくれないかなぁ……」

「そうなの？　じゃあ、自衛隊には入らない！　ミツビシジュウコウに入る！」

あれ、ひょっとして私、りっくんランドでせっかく芽生えた「大きくなったら自衛隊に入る！」を秒で粉砕しちゃったのか？　将来の志願者1人減らしちゃったのか？　いやいや、でも、こうして自衛隊を好きになってくれたお子ちゃんがまた1人増えたんだから、良しとしよう。

戦車の足回りが薄汚れているのがお分かりでしょうか？　これ全部、高圧洗浄機でタイルの溝からかき出した土なんです！　きれいに洗ったので、皆さん思う存分写真撮影を楽しんでください！

お疲れさまでした！

りっくんランドのプロ、岡田2曹！　皆さんも遊びに行ったときは、ゲームのコツや装備品の撮影ポイントを聞いてみてくださいね

自衛隊ごっこ

今回お邪魔した陸上自衛隊広報センター「りっくんランド」はお手伝い後にリニューアルされ、現在は展示内容が少し変わりました。こういった広報施設は陸自だけでなく、海自、空自にもあります。海自は広島県呉市に、海上自衛隊呉史料館（てつのくじら館）が。実際に使っていた潜水艦がまるごとドーンと置かれています。そして空自は静岡県浜松市に、浜松広報館「エアーパーク」があり、格納庫内で展示されている航空機はなんと19機！　簡易シミュレーターといった体験型コーナーもあります。

さて、話は戻って陸自の「りっくんランド」。以前、連れていった5歳の男の子、Tくんは「地下指揮所」をとても気に入っていました。任務では、各部隊の活動を指揮する「指揮所」が設けられ、通信設備などが置かれます。第17回で群馬地本のお手伝いをしたときも、ブルーインパルスの飛行を指揮する「コントロール」がビルの屋上に臨時で設けられましたが、同じような感じです。

りっくんランドにあった「地下指揮所」はそれを簡単に再現したもの。フツーの大人が見れば

COLUMN

「ああ、自衛隊らしい色の場所に電話とかが置いてありますな」なんですが、Tくんはこの場所に心引かれまくっており、「ここで自衛隊ごっこをするんだ」と言って聞きません。

「Tくん、ほかのお客さんもここ見たくて待ってるからさ、代わってあげようよ」

「いやだ！　自衛隊ごっこする！　ちょっとだけ！」

「じゃあ、待ってるお客さんに代わってあげて、その後に自衛隊ごっこしよう」

ちなみに「自衛隊ごっこ」とはどんなものかというと、自衛官の言動のマネっこ。「気をつけ」、「敬礼」、「休め」、「右向け右」といった動作をしたり、無線機（のつもりのお菓子の箱）を持って、「真理さん、T隊員は今ママの横にいます、送れ」、「T隊員、ママは何をしていますか、送れ」、「真理さん、ママは笑いながらTくんを見ています、送れ」などと無線ごっこをしたり、というものです。

ちなみに、無線ごっこの報告の最後の「送れ」は、実際に自衛官が使っている用語。「こっちは言いたいこと言い終わったから次そっちがしゃべってどうぞ」みたいな感じの意味合いです。

なんでTくんがこんなことを知ってるかというと、私が教えたからです。「敬礼」、「右向け右」なんかももちろん犯人は私で……いや、せがまれたんですよ。Tくんはりっくんランドに行く以前から自衛隊の装備品が好きで、動画サイトでいろいろ見せてたもんで、そしたら「自衛隊ごっこしたい」って言うから「いいよ」と答えると、「自衛隊ごっこしたい」って言ったのは当人なのに「どうすればいいの？」などとのたまうので、「じゃあ、敬礼する？」ということで「敬礼！」と号令をかけたらTくんが敬礼のポーズをし、「あ、Tくん、敬礼は左手じゃなくて右手を挙げるんだよ。そして手のひらは相手に向けちゃダメなんだ。で、上腕は地面と平行に……」などとついつい本気の指導をしてしまい、うまくできるようになったら「おー、すごい！　今超きれいな敬礼だよ！」なんて言ってたらTくんも楽しくなってきてどんどん上達し、おかげでTくんはなかなか本格的な敬礼や右向け右ができます。

りっくんランドご関係者の皆さま、こういう子って結構多いと思うんで、指揮所とはいわないまでも、なんとなーく自衛隊らしい物を並べた天幕（テント）でも作っておけば、子どもたちが好き勝手に各々のオリジナルな自衛隊ごっこを始めて楽しんでもらえると思うんですがいかがでしょうか。

ちなみに、あれほど自衛隊が大好きだったTくんは少し成長して自衛隊への興味が薄くなり今は野球に夢中で、将来の夢も「ミツビシジュウコウ」から「野球選手」に変わり、ちょいと寂しい岡田さんです。まあ、私も野球は好きだからそれはそれで一緒にキャッチボールを楽しんでたりするんですが。

C-1の塗装はがし

航空自衛隊　入間基地第2輸送航空隊
２０１８年12月お手伝い実施

「今、部隊は人手が足りず、まさに『猫の手も借りたい』状況です。ですので、今日は岡田さんの手も……（笑）」

今回お出迎えしてくれたのは、埼玉県・航空自衛隊入間基地にある第2輸送航空隊工作小隊長の落合勇人2等空尉、そして工作小隊の工作分隊に所属する梶原一史1等空曹。

「了解です！　何をお手伝いすればいいですか？」

「塗装はがしです」

「塗装……はがし？？？」

２０１８年10月に創立60周年を迎えた、第2輸送航空隊。60周年を記念して、1機のC-1輸送機が「記念塗装」されました。通常、C-1の機体は緑色系の迷彩柄に塗装されているんですが、これが特別デザインに変身。歌舞伎の隈《くま》取りのようなシブいお化粧がほどこされました。この歌舞伎C-1は「かっこいい！」と話題になり、マモルでも２０１９年3月号の表紙・グラビアに

塗装をはがす前に
このサンダーで
ブウオオオン!!

登場したのでご記憶にある方も多いと思います。見たことない方はぜひググってみてください。マジで超かっこいいから！

しかし、この歌舞伎C-1は期間限定モノ。また迷彩柄に塗装し直さないといけません。で、塗装し直すためにまず歌舞伎デザインの塗装をはがさなければならず、今回はそのお手伝いです。

「というか、航空機の塗装をしたりはがしたりって自衛隊でやってるんですか？　てっきり、航空機を造ってる会社とかでやってるもんだと思ってました」

「航空機全体の塗装を部隊ですることはあまりありません。工作分隊の基本業務は、航空機の外板の整備なのですが、その整備の中に塗装も含まれていて、普段は雨風ではげてしまった部分や、部品を交換してはげてしまった部分を塗装しています」

「で、記念塗装では航空機全体を歌舞伎デザインに塗装したんですね」

「はい。迷彩柄の上に、まず下地として茶色を塗って、その上に白を塗り、絵を描きました」

「茶色の下地？　最初から白を塗るんじゃダメなんですか？」

「それだと、元々の迷彩柄が浮き出て透けてしまうんです」

なるほど。確かに、メイクするときも下地やコンシーラーでシミとか毛穴とか消すもんなぁ。

「でも、あんなでかい機体にどうやって絵を描くんですか？　お手伝い第15回で機付長のお名前を航空機に塗装したんですが、あのときはパソコンで型を作って貼って、カラースプレーで塗装したんですよね。でも機体全体だったらそういうワケにはいきませんよね？」

「プロジェクターを使って、機体にデザインを投影して下描きしました」

「おお！　頭いい！」

「とはいえ、全てを投影して下描きできるわけではありませんから、デザイン図を見ながらフリーハンドで描いた部分もあります」

「あの絵をフリーハンドで？　すごい！　んで、そうやって一生懸命描いたかっこいい歌舞伎デザインを……これからはがすのかぁ。もったいない」

「塗装はがしの作業は、すでに進めています。塗装をはがして、迷彩に塗装し直すまでに約2カ月かかるんです」

「そんなに!?」

「工作分隊の隊員だけでは人手が足りないので、第2輸送航空隊のほかの隊員も作業に参加してもらっています」

「おー、それは確かに『猫の手も借りたい』状況だ。私もがんばります！」

と、ここで注意事項。塗装はがしの作業では、シンナー臭のある溶剤を使い、そしてはがした塗料で衣服が汚れるとのこと。というワケで、久々に重装備をしてのお手伝いです。頭から足まで簡易防護服を着て、マスクとゴーグルを着けて、手袋をはめ、さらにその上から二の腕まである対溶剤の手袋をして、足にはブーツカバー、そして高所作業なのでヘルメットも着用。本連載史上最も重装備な出で立ちになりました。うーん、これ、音が聞こえにくい……声がモゴモゴする……。

準備完了、いざ記念塗装のC-1が置かれている格納庫へ。するとそこには、機体の部分部分の塗装がハゲハゲになった、無残なC-1がいました。いや、「無残」という言葉を使うのは気が引けますが……んでもこれは「無残」だよ。無残以外のなんぼでもないよ。

塗装がはげた部分は、蛍光黄緑っぽい色になっています。C-1の素肌ってこんな色なんだなぁ。

機体のあちこちには、同じように簡易防護服を着た重装備の隊員さんたちが張り付いて塗装はがしの作業をしています。揮発した溶剤の空気中濃度が高くならないよう、一定間隔を空けて作業をしているんだそうです。

「1カ所ずつ集中してやりたいところなんですが、安全管理のためにこうしています。岡田さんは尾翼の塗装はがしをしてください」

「え？　あんな高いとこまで上るんですか？」

C-1のおしりてっぺんにある尾翼。機体の周りに組まれた足場を上っていくと、ゼーゼーハアハア……マスクが息苦しい……。思いっきり空気を吸いたくてついついマスクを持ち上げて隙間をつくると、うわシンナー臭っ！　そうだそうだ溶剤だ。息苦しくてもちゃんとマスクしとかないと。

まだきれいな歌舞伎デザインのまま残っている尾翼。これを……はがしちゃうんだなぁ。

「ではまず、マスキングをしてください」

「マスキング？」

「機体に書かれている機体番号や注意表示などは、消してしまわないようにマスキングテープを貼ります」

「手間だなぁ。消してまた書き直すより、マスキングしたほうが早いんですか？」

「はい。マスキングは塗装の仕上がりを左右する重要な作業ですから、しっかり貼ってください」

マスキングテープを貼ろうと機体に体を近づけると、機体と足場の隙間が気になります。万が一落ちても私の体は引っ掛かりそうだけど、いやでも機体が丸っこいからひょっとするとすればひょっとするぞ……怖いなぁこれ……。

マスキングテープを貼り終わり、いよいよ溶剤で……の前に、もうひと手間。登場したのは「サンダー」という機械。

「溶剤を使う前に、サンダーで機体表面を研磨します。表面がつるつるのままだと溶剤が浸透しないので、サンダーで粗く研磨するんです」

塗装をはがすのって、マスキングとかサンダーとかこんな手間なんだなぁ。こんな手間かかるんなら記念塗装なんかしなきゃいいのに……って、さんざんっぱら「歌舞伎かっこいい！」とか言っときながら何言ってんでしょうね。いやでも面倒くさがり屋さんならみんなこう思うよきっと……。

手間だ手間だ言ってるばかりじゃお手伝いにならないので、心を入れ替えてサンダーをスイッ

チオン。ブウオオオオオオオオオオン‼　やかましーーー‼

サンダーが重いので体を支えるために片足を機体の出っ張りに掛け、でももう片足は足場なので機体と足場の隙間が怖く、サンダーの重さと振動・反動でうっかりサンダーを隙間から落っことしそうで、いやこの高所からこんなもん落としたら大変だぞ……以前に私が落ちそうだってこれ怖い怖い怖い怖い‼　ブウオオオオオオオオオオオン‼

「あ！　茶色い面が出てきました！」

「これが白く塗る前の下地です！」

ブウオオオオオオオオオオン‼

「はい、今出てきたのが元の迷彩の色です！」

「ほんとだ！　C-1が出てきた！　いや、記念塗装もC-1なんだけど！」

サンダーを掛け終わり、ここでやっと溶剤登場。サンダーで削った部分に溶剤を掛けると、塗料が溶けて流れます。そしてすぐさま柔らかいスポンジのようなやすりで削って、ヘラでこすり取って、タオルで拭きます。

削りこすり取りそして拭き……という作業をせっせせっせと繰り返していると、蛍光黄緑っぽい素肌が出てきました。ああ出た、無残なC-1だ。

マスキングして、サンダーして、溶剤でこすり取って、やっとこさ尾翼のごくごく一部分の塗装はがしが完了。これを、この繰り返しを、機体全体でやっていくのか……。なんか途方に暮れるなぁ……。いや、暮れるよねこれ？

機首部分では、工作分隊の三藤哲志1等空士が黙々とサンダーを掛けています。三藤1士は記念塗装をするのも、そしてこの塗装はがしも、両方を担当しているとのことで、「塗装はがしって、なんか途方に暮れません？」と聞くと、「塗装をしているときは完成に近づいていくので達成感があるんですが、はがすのはそういった感情がなく、モチベーションを保つのが大変です」。

そう、それよ。塗装をするときは、大変さもありつつ「お、だいぶできてきたぞ！」って満たされる感情があるけど、このはがす作業ってどれだけやっても「やったー！　できたー！」感がまったくないのよ。航空機や車両のどんな整備だって、作業自体は黙々と地味なんだけど、「調子が悪いところが良くなった」とかの「やったー！　できたー！」感があるのよ。でも塗装はがしの作業はそれがまったくないのよ。どころか、やればやるほどC-1は無残になってく一方で、でもその無残な姿にすることこそが「塗装はがし」の業務で、なんだこのやるせなさ。

たくさんの人を楽しませ、部隊を盛り上げる記念塗装。私も記念塗装は大好きで、いつも楽しみにしてるんですが……。記念塗装の期間が終わってから、迷彩C-1に戻って再び大空を飛ぶまでには、こんなやるせないお仕事がありました。

尾翼の足場に上り、無残なC-1を見下ろして初めて「へー、主翼の上ってこんなデザインだったんだ」と知りました。きれいな状態で見たかったなぁ

塗装をヘラでこすり取って拭いて……。歌舞伎デザインがほんとに大好きだったので、こうやってきれいに塗られたのをはがすのは、なんだか大事な物を破壊してるような気分になりました

お疲れさまでした！

左から落合2尉、三藤1士、梶原1曹。歌舞伎デザインに塗る前も、「えー？こんな大変な絵を描くの!?」とそれはそれで途方に暮れたそう

虎と鯉

第3回の洗機のお手伝い以来、久々にC-1輸送機が登場しました。ルックスが全然違うので同じモノには見えないかもしれませんが、塗装し直せばおなじみのC-1輸送機になります。

今回のような記念塗装は度々行われていて、いつもと違った装いで私たちを楽しませてくれています。部隊のマークを大きく塗装したり、桜の絵をあしらったり、また2019年にはラグビーワールドカップを盛り上げるため、ラグビー日本代表のユニフォームのようなデザインのT-4練習機も登場しました。

このような大掛かりな記念塗装は、大きなイベントでしかお目見えがかなわないのですが、普段でも車両などの装備品に小さな部隊マークがペイントされていることがあります。

例えば以前、兵庫県の伊丹駐屯地にお邪魔したときには、第36普通科連隊の車両に虎のマークがペイントされているのを発見しました。部隊の方に「なんで虎なんですか?」と聞くと、「阪神ファンやからや!」と断言されましたが定かではありません。

「だったら福岡県の福岡駐屯地にある車両は鷹の絵が描かれてんのか? 広島県の海田市駐屯地

COLUMN

にある車両は鯉の絵なのか？　そんなことないでしょいくらなんでも」と思っていたら、広島県にある海上自衛隊呉基地所属の練習艦『やまゆき』には「ライジング・カープ」という愛称が。艦にマークこそ描かれていないものの、エンブレムにはしっかりと鯉の絵がありました。

護衛艦の塗装作業

海上自衛隊 護衛艦『おおなみ』

2019年3月お手伝い実施

2年1カ月、全25回にわたってお送りしてきました本連載。今回で最終回を迎えることとなりました。記念すべき最終回を飾ってくれるのは、海上自衛隊の護衛艦『おおなみ』です。神奈川県・横須賀基地に停泊中の『おおなみ』にお邪魔すると、砲雷科運用員の西谷悠3等海曹がお出迎えしてくれました。

「今日、岡田さんには塗装をお手伝いしていただきます」

前回のお手伝いでは、航空自衛隊でC-1輸送機の塗装はがしをしましたが、今回は逆に塗装をする作業。前回はただただやるせなさが募る作業でしたが、今回はバッチリ達成感ありそうです。

まず向かったのは、艦の中ほどにある「塗具《とぐ》小出庫《こだしこ》」という小さな倉庫。扉を開けると、塗料が入ったたくさんの缶が。西谷3曹は缶を見比べ、その中から1つを取り出しました。

「どの缶を使うとか決まりがあるんですか？」

ホンモノの護衛艦に
岡田が塗装しちゃいます！

「艦艇は見た感じ同じ灰色に見えるんですが、実は場所によって色が違うんです」

「え？　艦全体同じ灰色じゃないんですか？」

「隣に停泊している艦を見てください。外側の『外板《がいはん》』と、デッキから上の構造物の『外舷《がいげん》』、色が違うの分かります？」

「あー、言われてみればなんとなく違うような……んー微妙……」

「そして、足元のデッキも色は違います」

「うん、デッキは分かります。外板や外舷と比べると灰色が濃いですね。でもなんで色を変えてるんですか？」

「色を変えているというより、塗料の成分が違うんですね。外板は汚れに強い成分、外舷は光沢のある成分、デッキは波風に強い成分の塗料を使います」

「なるほど、場所に合わせた成分の塗料を使っていて、成分が違うから色が微妙に違うのか」

外舷用塗料が入った大きな缶のふたを開けた西谷3曹。これを、ミカンの缶詰くらいの小さな手持ち用の缶に小分けします。どうやって移すんだろうと見ていると、西谷3曹は大きな缶をおもむろに持ち上げ、床に置いている小さな缶めがけてザバー！

「すごい！　一滴もこぼさず命中！　さすがプロ！」

「では、もう1つの缶を、岡田さんお願いします」

「いやいやいや私が!?　これ絶対こぼすって！　派手にやらかすって!!」

第4回「排水の水質検査」のお手伝いでは、ボトルからメスシリンダーに水を移すというただそれだけでばっしゃーんとやらかした岡田さん。第7回の「砂盤作り」でも少量の水をさらっと撒くのにやはりダバダバと水たまりを作り、第15回の「航空機の機付長名塗装」ではスプレー塗料をかけすぎて垂れ流し……と、雑さには定評のある岡田さんです。

「これ、絶対デッキに塗料ぶちまけますよ……。いいんですか……」

「毛布を敷いてるから大丈夫ですよ」

「こんなのじゃ足りないと思うなぁ……」

西谷3曹、『おおなみ』の広報さん、マモル取材班が緊張した面持ちで見守る中、大人が座れるくらいの大きな重い缶を持ち上げ、小さな缶に狙いを定め……ままよ!! トプットプットプットプッ……。

「おー! できた!!」

「岡田さんすごい! こぼさなかったですよ!」

「お見事!!」

周りの全員から拍手喝采。いやー、お手伝いも25回もやれば腕は上がるもんだなぁ。西谷3曹に「でも、ちょっと多いですね」と大きな缶に少し戻されましたが、いやいやでも十分大成功だ。

一気にテンションが上がり、小分けした塗料入りの小さな缶とハケを持ってウッキウキで前方の甲板へ。そこには、大きな長い鎖が横たわっていました。

「では、この鎖を塗装してください」

「了解です！　ってか、なんですかこの鎖？」

「これは錨《いかり》の鎖です。沖合に艦が停泊するときは、この錨を海中に下ろすんですね。錨は一回下ろすと、鎖がボコボコになってしまうんです」

「確かに。この鎖、塗装がハゲハゲでサビサビでボコボコですね」

「先日まで沖合に停泊していて、入港してから塗装をしているんですが、なかなか全部を塗り切れないんです。お手伝いをお願いします」

朝方まで降っていた雨は上がり、陽射しがポカポカのいいお天気。とはいえ、鎖にはまだ雨粒が残ってるので、ウエスで拭き取りながら塗料をハケで塗っていきます。

拭いて、塗って、拭いて、塗って、拭いて、塗って……ああなんて地味な作業。この連載の最後を飾るに相応し過ぎる地味さ加減。

「いつも皆さん、こうやってただ黙々と塗ってるんですか？」

「そうですね。世間話しながら塗っています」

「『最近、彼女どう？』とか？」

「そんな感じです（笑）」

「世間話って大事ですよね。同じ空間にいても、黙ってるよりたわいのないことでもしゃべってるほうが、相手と距離縮まって仕事しやすくなりますもんね」

「そうですね」

「……」

「……」

気を抜くとうっかり黙々とやってしまう塗装作業。これを艦全体で、合間を見つけてはちょこちょこ塗り、続きはまた次回、また次回、と繰り返すんだそうです。うーん、前回と比べて達成感があると思いきや、これは……ないなぁ。

「この鎖だけだと、どのくらいの頻度で塗装するんですか？」

「錨を下ろして上げるたびにやってます」

「使うたんび⁉　それでもこんなサビサビでボコボコになるんですか⁉」

「だからこそ、毎回塗装してるんですよ。鎖を保護しないと、安全にも関わりますから」

「なるほど。塗装は見た目をきれいにするってだけじゃなくて、保護って意味もあるんですね。でも、ボコボコなままだとすごい塗りにくいですね、これ」

「ドックに入ったときは、鎖を陸揚げしてサンダーで削ってからきれいに塗装するんですけど」

「サンダー！　C-1のヤツだ！」

前回の第24回「C-1の塗装はがし」では、サンダーで塗装面を削ってから薬剤を使い、塗装をはがしました。なるほど、あれを使えばボコボコもはがせてきれいに塗れるよなぁ。

「で、今さらなんですけど、この鎖がつながってる錨はどこにあるんですか？」

「艦の前方です。隣の艦の前方にくっついてるあの大きな錨、分かります？」

「あー、あれ！　あれって錨だったのか。艦艇って何度も見てるのに、あれが錨だって初めて知りました」

「そうなんですか？」

「いやでも考えてみたらそうですよ。錨って沖合で停泊するときに使うもんなんでしょ？　私たちが艦艇を見るのって港に入ってるときだから錨はただくっついてるまんまだし、あれが錨だって知る機会ないですよ。こんだけ自衛隊取材してる私でも、沖合にいる艦艇は見たことないし……いや、『いずも』見た！」

第8回、「曳船《えいせん》での入港支援」では、沖合にいる護衛艦『いずも』を曳船から見上げました。あのときは錨はもう上げてただろうけど……ってか、小さな曳船から見上げた『いずも』はデカ過ぎて、艦ってよりただの「壁」にしか見えなかったもんなぁ。

西谷3曹とトークしながら、拭いて塗り塗り。ポカポカな陽射しと潮風を背中に受けながら、これまでのお手伝いが自然と思い出されます。どの艦艇でも、こうやって地味に塗り塗りしてる隊員さんがいるんだよなぁ。どの部隊でも、こうやって地味に黙々とお仕事してる隊員さんがいるんだよなぁ。今、このときも、この空の下で、みんな地味なお仕事をがんばってるんだなぁ。

この連載では、たっくさんの「ええ!?　自衛隊でこんなお仕事やってるの!?」や、「なるほど、自衛隊の任務はこんな部隊やお仕事に支えられてたのか～」と出合うことができました。テレビなんかで見ることができる〝自衛隊〟は、ほんのごく一部の目立つ部隊・お仕事だけ。だからこそ、地味な部隊やお仕事に光を当てたい！　と始めた連載だったのですが、実際にお手伝いをやってみると、ただただ本っ当〜に地味でした。自衛隊の任務はこの数々の〝地味〟の上に遂行され、そして日本の平和は守られていました。

そして、これは何も自衛隊に限ったことではないということにも気付かされました。ふと周りを見れば、どの業界・分野でも、人知れず地味なお仕事をしてくれてる人がいます。私たちが日常を平和に、快適に、楽しく暮らすことができているのは、私たちの知らない地味なお仕事を、人知れず黙々とやってくれている誰かがいるからです。この連載で、たくさんの地味なお手伝いさせていただいて、そんな当たり前の事実も身をもって知ることができました。

25回のいろんなお手伝いを通して、日々、そんなお仕事をしている彼ら・彼女らに改めて感謝することができました。そして、彼ら・彼女らと同じように、自分の仕事に誇りを持って、彼ら・彼女らに負けないくらいピカピカした顔で「私もがんばろう」と、自分の平凡な日常を、しっかりと顔を上げて生きていけるような気がしました。

それは何も、「私も負けずにもっとがんばらなきゃダメだ！」なんて自分を縛るモノではなく、ただ、ふと、「うん、私もがんばろっかな」と、隣で一緒に歩いてくれるような……そんな、「たくさんのがんばっている人がこの日本のどこかに存在している、というほっこり感」なんじゃないかなーと思います。

どんな人の、どんなお仕事も。そしてもちろん、私の、あなたのお仕事も。25回のお手伝いで出会った方々と同じように、私たちの背中も、きっと、輝いているはずだから。

日々地道に、地味なお仕事を続けている自衛官たち。彼ら・彼女らは、寡黙なその背中で、私たちの背中の輝きにも気付かせてくれました。

鎖の端近くには、「あと少しで終わり」の部分に黄色、「もうこれ以上延びない！」の部分に赤が塗られてるそうです。灰色の艦艇にも実は派手な色の塗装が……ってこれ、掃除機のコードと同じ配色だ

お疲れさまでした！

お世話になった西谷3曹。特に海外での任務では、「日本代表」として恥ずかしくないよう、バッチリ塗装してから行ってるそうです

考えるな、感じろ。

今回、ご登場いただいた西谷3曹のお仕事は「砲雷科運用員」。「砲雷科」とは、海上自衛隊の艦艇で武器を担当する職域です。しかし、ここに「運用員」が付くと話は変わります。「砲雷科運用員」は、砲雷科の所属ではあるんですが、武器を担当しません。港への出入りといった甲板作業を、この運用員が主力となって行うのですが、そのときに武器を担当する砲雷科の隊員もこの作業に参加しているので、便宜的に「運用員は砲雷科の所属」という形になっています。「砲雷科の運用員」というより、「運用員が砲雷科にいる」と考えたほうが飲み込みやすいかなーと思うのですが、ややこしいのでそこまで深く考えずに「なんかいろんなお仕事の人がいるのね」とざっくり知っていただければ十分です。

甲板作業以外にも砲雷科運用員が担当しているお仕事があります。それが今回の「甲板作業に必要な物の整備・管理」、そして「船体の整備」。ということで、砲雷科運用員の西谷3曹が鎖の塗装を担当していて、今回私もお手伝いさせていただきました。

こういった「自衛隊のお仕事」を細かく知ろうとすると本当にややこしいです。10年以上自衛

COLUMN

隊取材を続け、頭をプスプスいわせてお勉強している私でも、まだ分からないことだらけです。ですので、「自衛隊、分かんない！　もう知らない！」と完全に背中を向けずに、「分からなくて当然だ」と開き直って、「んー、よく分かんないけどそういうのがあるのね」と気楽に自衛隊に接していただければうれしいです。私もいまだに「なんかそういうのがあるのね」と気楽に自衛隊ライターのお仕事してますから。でも、「なんかそういうのがあるのね」程度でも十分いろんなことが知られて、とっても面白いですよ。

あとがき

「登場するのは、地味で目立たない部隊とお仕事に限る」。今思えば、なかなか乱暴な企画だったなーと思います。連載していた月刊『マモル』は、自衛隊のことを毎号さまざまな角度から紹介している雑誌で、私もライターとしていろんなページを担当しています。皆さまの町の書店やネットでも買えるのでぜひこちらも読んでいただきたいのですが、『マモル』が人気雑誌になった理由のひとつに「ビジュアル」があります。

雑誌というものは絵的に目立って派手に目を引いてナンボで、目を引いてもらえなければどれだけがんばって記事を作っても、部隊の方にお忙しい中ご協力いただいても、読者の方に「読んでみよう」と思ってもらえず、パラッとページを飛ばされてしまいます。「地味で目立たない部隊とお仕事に限る」なんて企画に、ビジュアルで売れてる雑誌のカラーページを毎月割き続けた編集長も一体何を考えて……いえ、大感謝でございます。本当にありがとうございます。

こんな企画で、読者の方に楽しんでいただけるだろうか……と不安いっぱいでスタートした連載でしたが、おかげさまでたくさんのうれしいご反響をいただき、「今まで知らなかった自衛隊」を男女問わずさまざまな世代の方々と共有させていただき、そして何より私が楽しすぎた2年1カ月でした。

とはいえ、現場の部隊の皆さんや、防衛省・自衛隊のさまざまなお立場的に私のお手伝いを見守ってくださっていた皆さんはさぞかしヒヤッヒヤだったことと思います。ぐっとこらえてお付き合いいただきまして、本当にありがとうございました。おかげさまで、読者の皆さんも、そして何より私が、貴重な知見を得ることができました。

この本では、たくさんの「自衛隊のお仕事」をご紹介しましたが、これでもまだまだごくごく一部です。自衛隊にはもっともっとたっくさんのお仕事があって、あらゆる面から日本の平和を守っています。皆さまも、それぞれのお仕事やお勉強で日々大変だとは思いますが、彼ら・彼女らに守られている安心感を心の奥底に置いていただき、どうぞ毎日を心安らかに楽しくお過ごしください！

誰も知らない自衛隊のおしごと
地味だけれど大切。そんな任務に光あれ

発行日　2020年７月15日　初版第１刷発行

著　　者：岡田真理

写真提供（順不同）：江本充伸（CO2）/p9～16、p58～84　村上淳/p4、p20～56、p86～93、p252～259　山川修一/p97～135　清水亮一/p137～164、p184～209　増元幸司/p212～219　阿部栄一郎/p167～179、p221～249

発 行 者：久保田榮一

発 行 所：株式会社 扶桑社
〒105-8070
東京都港区芝浦1-1-1　浜松町ビルディング
電話　03-6368-8887（編集）
03-6368-8891（郵便室）
www.fusosha.co.jp

編　　集：高久　裕（マモル編集部）

編集協力：防衛省

装丁・本文デザイン：株式会社 明昌堂

印刷・製本：大日本印刷株式会社

ISBN978-4-594-08547-6